U0304187

1918—2018

百年积淀　百年耕耘

嘉建　庚筑

薪火传承　春华秋实

CENTURY–OLD JIMEI UNIVERSITY
TAN KAH KEE ARCHITECTURE

百年集大 嘉庚建筑

《百年集大 嘉庚建筑》编写组 编

厦门大学出版社

国家一级出版社
全国百佳图书出版单位

明良楼（1921年）即温楼（1921年）

尚忠楼（1921年）

福东楼（1957年）

序

　　呈现在我们面前的《百年集大 嘉庚建筑》是一本建筑与人文交融的书，是描述反映嘉庚建筑的又一力作。

　　为庆祝集美大学百年华诞，学校决定将校园内嘉庚建筑的前世今生编辑成书出版，这既是对嘉庚建筑的颂扬，也是藉此从侧面反映百年办学历程。建筑是历史的载体，百年风雨沧桑，赋予集大校园嘉庚建筑厚重的历史，也使其光华在磨砺中愈发璀璨。游走在这些精美建筑之间，仿若穿梭于历史的书页，一屋一廊，一檐一脊，见证着这所大学百年的步步脚印，诉说着嘉庚先生的救国之心、热忱勇往，他倾尽家资与心血，铸就一座不朽的兴学丰碑。这里还承载着一代代集大人的集体记忆和个体印迹。记得 2015 年 9 月，时年九十七岁的老校友陈炳靖返校，这位在抗战民族危难时刻毅然从军，参加美国第十四航空队（飞虎队）的航海学长，走进即温楼时，用手轻抚教室窗台上的花岗岩条石，喃喃细语"还是和以前一样，没有变"，在一旁的我感慨万分，老学长一定是触摸到记忆底片，找回了青春年华。

　　建筑是文化的载体，对于人们来说，它不仅仅是容身之所，而是凝固的艺术，更是心灵归宿，校园建筑更应如此。嘉庚建筑兼具西洋风格的拱券廊柱、窗套窗楣，极富福建闽南传统建筑特色的燕尾脊、"嘉庚瓦"坡屋顶、出砖入石，可谓中西合璧、厚重典雅，独具魅力。更令人难以忘怀的是，嘉庚建筑的楼名极具文化内涵，韵味深长。"即温""明良""允恭""崇俭""克让"这五幢建筑构成一组楼群，寓意"温、良、恭、俭、让"的传统，深含教化，何等美妙！此外，"尚忠""尚勇""敦书""诵诗""博文""博学"等楼名皆然，都是从中华传统文化中采撷精华，以教育学生立身做人，激励学子勤奋学习。这一个个寓意深刻的名字，使嘉庚建筑不仅仅是场所、景观，而成为文化，让生活、学习其间的学子们深受感染和熏陶，达到以文化人、以文育人之功用。因缘际会，我自上大学后，学习和工作在两所陈嘉庚先生创办的大学，先在厦门大学，后在集美大学，每天徜徉于嘉庚建筑中，由衷激发我对嘉庚精神的崇敬，对嘉庚建筑的赞叹。2010 年我到集美大学工作后，校内嘉庚建筑的修缮保护成为我重点关注的事，幸得保护性修缮的倡导得到多方有识之士的响应，给予鼎力帮助和支持，校内外修缮团队更是克服重重困难，做出很大的努力。如今，在集美大学百年校庆来临之际，校内十五幢嘉庚建筑修缮完竣，重现风华。对我来说，也是无比的欣喜。

　　本书编撰有三个特点：一是以故事的形式讲述嘉庚建筑承载的百年历史文化。二是讲述建筑的修缮特点和成效，还原建筑的前世今生。三是原汁原味地呈现嘉庚先生对于建筑规划、设计、施工、使用的理念。编写组成员在集美大学学习，工作，生活，对嘉庚先生怀着深厚的感情。他们历经一年多的辛勤劳动，用宏大的视角，以入微的镜头将一处处经典定格成恒，又用细腻的笔触将一段段精彩的往事生动再现。这是一本凝集着情怀的历史相册，也是一部融汇了百年历史沧桑和传承发展的建筑著述，值得细细品味与珍藏。

　　是为序。

嘉芽昭

2018年8月

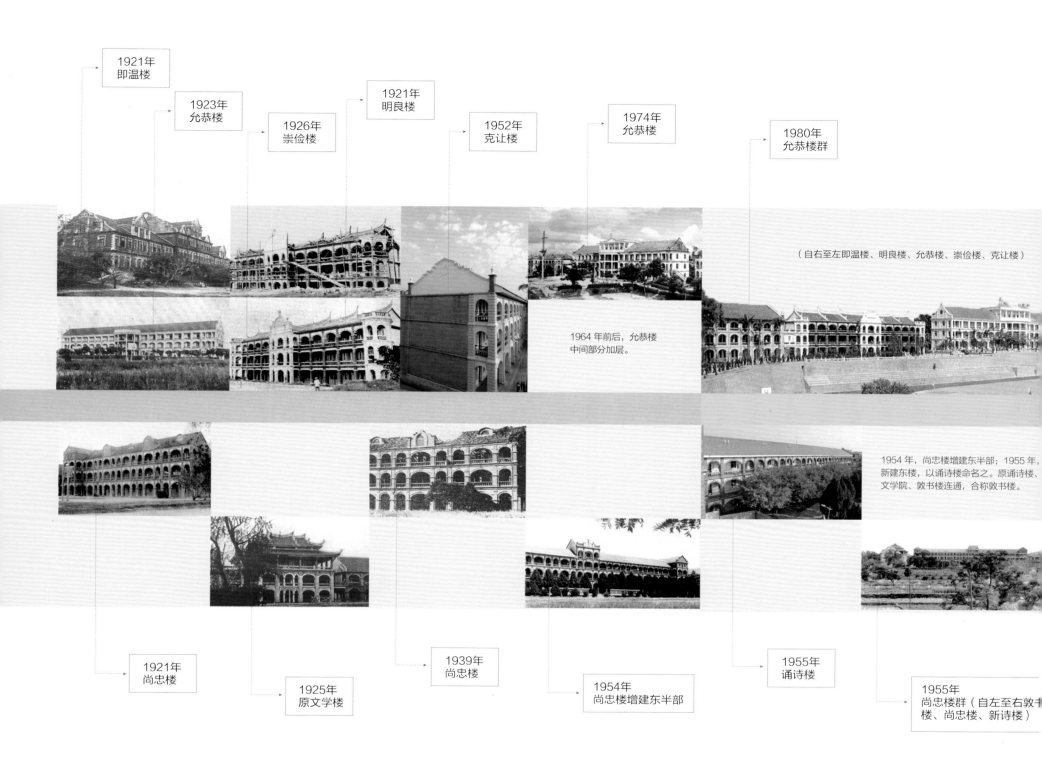

1921年
即温楼

1923年
允恭楼

1926年
崇俭楼

1921年
明良楼

1952年
克让楼

1974年
允恭楼

1980年
允恭楼群

（自右至左即温楼、明良楼、允恭楼、崇俭楼、克让楼）

1964 年前后，允恭楼
中间部分加层。

1954 年，尚忠楼增建东半部；1955 年，
新建东楼，以诵诗楼命名之。原诵诗楼、
文学院、教书楼连通，合称敦书楼。

1921年
尚忠楼

1925年
原文学楼

1939年
尚忠楼

1954年
尚忠楼增建东半部

1955年
诵诗楼

1955年
尚忠楼群（自左至右敦书
楼、尚忠楼、新诗楼）

集美大学嘉庚建筑允恭楼群 尚忠楼群1921—2018年建设修缮一览

2012年
允恭楼

2018年
允恭楼

1982 年，允恭楼两侧加层，变成四层。

敦书楼（左）、尚忠楼（中）、诵诗楼（右）

2014年
修缮中的尚忠楼

2018年
尚忠楼群

2018年
尚忠楼

Century-Old Jimei University　Tan Kah Kee Architecture　百年集大　嘉庚建筑

编委会

主　任：辜芳昭　李清彪

副主任：洪文建

委　员：辜芳昭　李清彪　郑志谦　洪文建　黄德棋　李　克　童建福

　　　　于洪亮　曹敏杰　谢潮添　辜建德　叶光煌　王　建

编写组

主　编：林斯丰　黄海宏

成　员：林斯丰　黄海宏　沈哲琼　黄丹平　罗旻敏

　　　　晏雪飞　喻　婷　万益民　陈　强　蔡文舟

美　编：黄丹平

摄　影：黄丹平　王焕根（航拍）

Contents

百年集大 嘉庚建筑   Century-Old Jimei University Tan Kah Kee Architecture

集美大学的嘉庚建筑有着中西合璧的独特风貌和深刻丰富的文化内涵
"百年集大·嘉庚建筑"是一本凝聚情怀的历史相册
也是一部融汇百年历史沧桑和传承发展的故事书

矢志兴学　树人百年

CONTINUE TO FOSTER EDUCATION &
CULTIVATE TALENT THAT WILL
SPAN A LIFETIME

陈嘉庚一生艰苦创业，是成功的华侨工商业家
一生倾资兴学，是卓越的教育事业家
一生忠贞爱国，是杰出的社会活动家、伟大的爱国主义者

1918 年，陈嘉庚在他创办的集美学校开办师范教育，随后于 1920 年开办水产航海、商业等实业教育
这奠定了集美大学的基石

Century-Old Jimei University: Tan Kah Kee Architecture　百年集大　嘉庚建筑

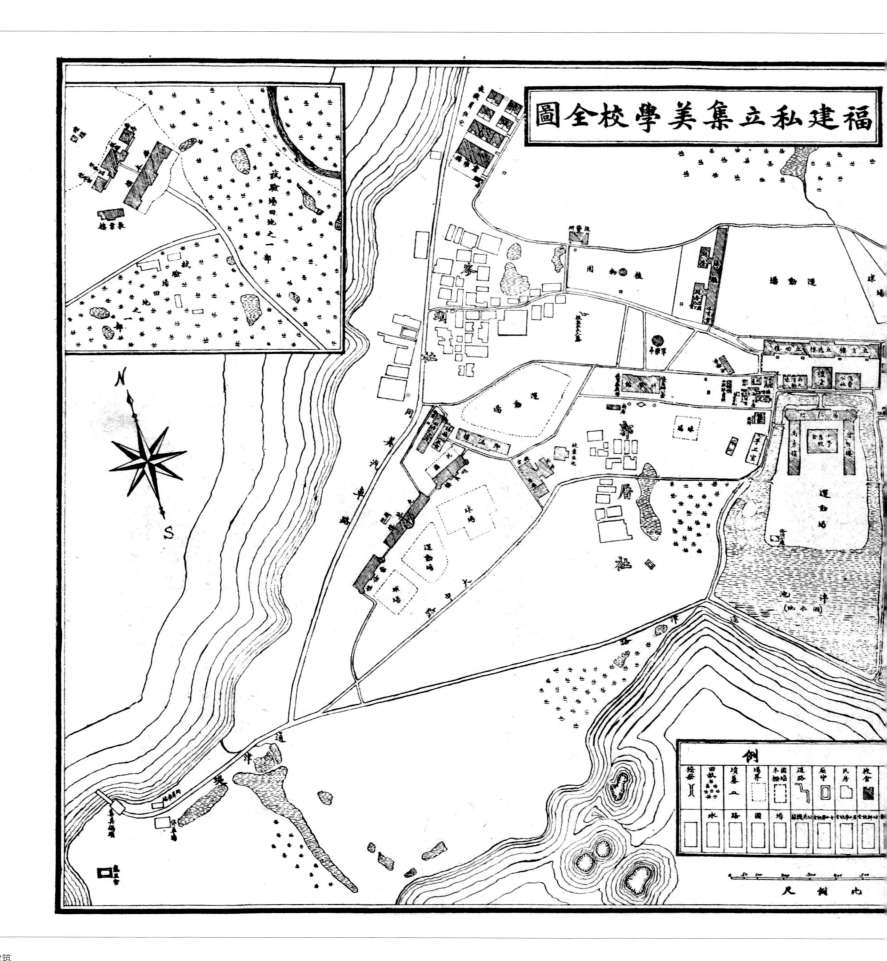

福建私立集美學校全圖

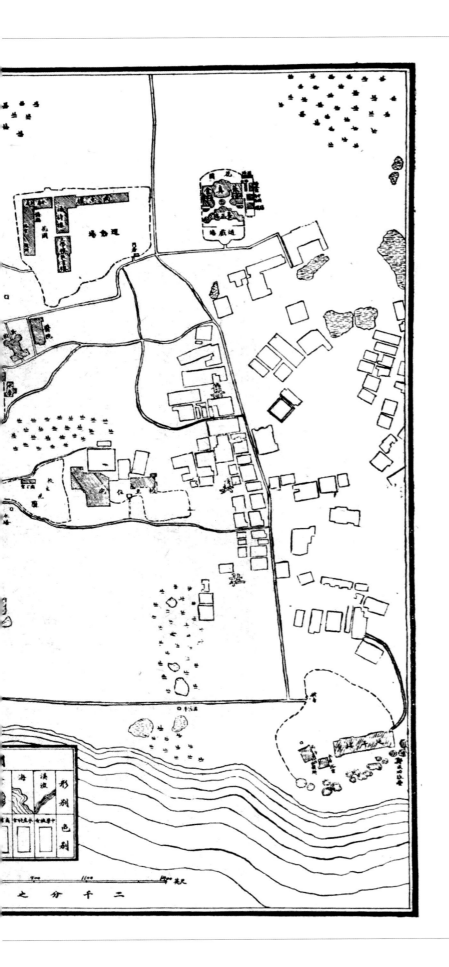

故今日计划集美全部，宜以大学规模宏伟之气象，按二十年内，扩充校界至印斗山。建中央大礼堂于内头社边南向之佳地。故凡礼堂近处能顾见之环境，当无加入住宅之问题，了无疑义。东隅虽失，尚可冀收于桑榆，况前车作鉴，尤希慎重之慎重。师范校舍，他日果实能移去，按损失工料不出十万八万元，我何惜此而贻无穷之憾。若我不移，他日后人或拘于前人之艰难手创，更不能移。岂非永屈山水助雅之失真者乎！未悉先生以为何如耶？

集美背山面海，后有三山，前有三岛。去北十华里许，有两千多尺之高山三座，天马山居中，大帽、美人居左右，相连如笔架形。其东西南三面，尽为海水所环。地势南向，金门岛、厦门岛、鼓浪屿，皆在望中。沿海有山岗，则郑成功故垒在，垣虽坏，而南门犹完好无恙，亦历史上有价值之纪念物也。校中各楼舍及道路，佳木成荫，盛夏不暑，虽未若庐山之凉爽，或不亚于北戴河之清幽，而海洋空气则为斯二地所无。风景美丽，盖余事耳。

（1937 年 8 月 1 日《厦大胶园移归集美学校与集美学校现况之报告》）

集美学校全图（1933 年）

集美学校全景（1926 年）

倾资兴学 矢志不渝——陈嘉庚矢志兴学记

Investing In Education——Tan Kah Kee's Aspiration

长时间大规模的办学活动耗尽陈嘉庚的巨额资财，也耗尽他的心血，却因此铸就了一座倾资兴学的历史丰碑。

集美小学全体师生在新校舍前合影（1914 年）

陈嘉庚系列照片

陈嘉庚怀抱"教育为立国之本，兴学乃国民天职"的信念，始终以"办教育为职志"，倾其资产，费尽心血，创造了华侨兴学的奇迹。

陈嘉庚兴学时间之长、创办及资助学校之多，堪称中国近现代史上第一人。

1894年，年仅二十岁的陈嘉庚就出资两千块银元，在故乡集美创办了"惕斋学塾"。

陈嘉庚兴学起始于十九世纪末，兴盛于二十世纪二十年代。他曾指出："生平志趣，自廿岁时，对乡党祠堂私塾及社会义务诸事颇具热心。"早在1894年，他就出资两千银元，创办惕斋学塾。"癸卯学制"颁布后，他在侨居地新加坡参与创办道南学堂，在故乡资助阳翟小学。

辛亥革命推翻清朝封建帝制，建立民国政府。身为同盟会成员，陈嘉庚倍受鼓舞，他自问："政治清明有望，而匹夫之责如何？"因此，他一方面积极资助孙中山及其新生政权，另一方面，"思欲尽国民一分子之天职"，"自审除多少资财外，绝无何项才能可以牺牲，而捐资一道窃谓莫善于教育，复以平昔服膺社会主义，欲为公众服务，亦以办学为宜"。

1912年 回乡办学

1912年9月，陈嘉庚从新加坡回到集美，决计创办一所新式小学校。他满怀勇气，热情地奔走于乡里，反复讲明办学的目的，循循善诱地劝说族人消除宿怨，停办私塾，开设统一的小学，经费由他负责。在其精诚感召下，族人终于支持他的办学计划。

陈嘉庚暂借集美社大祠堂、房角祠堂和"诰

驿"为校舍，出资修缮祠堂，聘请校长和教师。1913年1月27日，集美小学校开学，分为高等一级、初等四级，学生135名，定名为乡立集美两等小学。

小学开办后，陈嘉庚着手规划建筑新校舍。几经周折，他选中在集美社西边荒废的大鱼池上来修校舍，这鱼池面积数十亩，是早年在海滩上筑堤围成的。陈嘉庚出资买下这口鱼池，作为集美小学校址，"填池建校"。陈嘉庚亲自指挥工人修筑闸门，增高堤岸，在池的四周开挖深沟，用挖出的泥土填池造地，盖起了一座前后两进的木质房屋，东边建一护厝作教室和宿舍，其余空地修整成操场。新校舍可容纳七个班级的学生上课。1913年秋季，集美小学校迁入新校舍开学。

1916年 开办女学

1916年10月，陈嘉庚委派胞弟陈敬贤回集美开办女子小学校，筹办师范和中学。民国初年，男尊女卑及"女子无才便是德"的观念在社会上仍有广泛影响。在创办女子小学的过程中，陈敬贤和王碧莲夫妇深入各家各户，苦口婆心地动员乡亲，有时为了让一个女孩子上学，要说服三代人。1917年2月，女子小学正式开学。

1918年 创办师范中学

在筹办小学时，陈嘉庚曾亲自到同安考察办学状况，发现同安县小学教育不振，师资缺乏是主要原因。陈嘉庚还前往省城考察师范教育，发现弊端不少，贫苦青年求学无门，权贵子弟毕业后多数不从教职，初等教育前途堪忧。"默念等力能办到，当举办师范学校，收闽南贫寒子弟才志相当者，加以训练，以挽救本省教育之颓风。"集美小学的开办，虽然仅仅是个开端，但它很快就引起连锁反应。首先是本校学生不断增加，接着是全县及邻近地区也想办学，小学教育开始发展起来。小学教育要发展，首先需要师资，办师范也就迫在眉睫。小学生学习几年后也面临升学的问题，中学也必须尽快兴办。陈敬贤按照与陈嘉庚商定的计划，着手建设校舍，聘请教师，招收学生。

1918年3月10日，集美师范和中学开学，立"诚毅"为校训。陈嘉庚特地从新加坡寄来开学训词，

指出："凡我诸生，须知吾国今天，处列强肘腋之下，世界竞争之间，成败存亡，千钧一发，自非急起力追，难逃天演之淘汰。教育不振则实业不兴，国民之生计日绌……言念及此，良可悲已。鄙人所以奔走海外，茹苦含辛数十年，身家性命之利害得失，举不足撄吾念虑，独于兴学一事，不惜牺牲金钱，竭殚心力而为之，唯日孜孜无敢逸豫者，正为此耳。诸生青年志学，大都爱国男儿，尚其慎体鄙人兴学之意，志同道合，声应气求，上以谋国家之福利，下以造桑梓之麻祯，懿欤休哉，有厚望焉。"为激励师范学生勤奋好学，学校规定学费、住宿费、膳费均免，还免费提供被子、蚊帐、草席和春冬两套制服，吸引了闽南、闽西、粤东等地区的贫寒子弟和南洋侨生接踵报考。

当年12月，学校呈报福建省长公署转呈教育部立案，定名"集美师范学校"，附设中学及男、女小学。1919年2月，集美幼稚园开办后也附设其中。

1918年 倡办华侨中学

辛亥革命后不久，陈嘉庚除了在家乡集美办学，还在新加坡参与创办爱同学校（1912年）和

崇福女子学校（1915年）。1918年6月，陈嘉庚召集多位侨领，在新加坡倡办华侨中学。在筹办南洋华侨中学特别大会上，他以临时主席身份发表演讲，说明创办中学势在必行。陈嘉庚指出，"吾侨如不早为之谋，其贻误后生，奚堪设想"，"诚以救国既乏术，亦只有兴学之一方，纵未能立见成效，然保我国粹，扬我精神，以我四万万之民族，抑或有重光之一日乎"！陈嘉庚还指出："勿谓海外侨居与祖国全无关系也。有志者当更希望进一筹，他日于相当地点续办专门大学，庶乎达到教育完全之目的。世界无难事，唯在毅力与责任耳。"经过不懈努力，南洋华侨中学于1919年3月21日开学，这是东南亚第一所跨帮系的华文正规完全中学。陈嘉庚被选为该校第一届董事长。华侨中学创办以后，南洋华侨视之为最高学府，"各处不但中等学校继起设立，即小学校亦更形发展，几如雨后春笋"。

集美师范学校外景

1919 年 5 月，在把各营业机构改组成陈嘉庚公司后，陈嘉庚请陈敬贤南下新加坡接理各项营业，自己计划回国长住，专心致志办教育。行前，为了使集美学校有可靠的经费来源，他在新加坡聘请律师按英国政府条例办理财产移交手续，将在南洋的所有不动产全部捐作"集美学校永久基金"。陈嘉庚向公司同人作了题为"愿诸君勿忘中国"的演说，他说："盖吾人作事，当存有竞争之心，乃有进步之效……身任职业之人，不可不时存优胜进取之念是也。惟吾人竞争财利积赀巨万都为儿子计较，不知外人竞争财利之外，尚有竞争义务者。义务为何，即捐巨金以补助国家社会之发达也。而补助之最当最有益者，又莫逾于设学校与教育之一举。是以量力捐助，相习成风，寡财之家，则捐数十元以至千数百元，合办小学；多财者则独捐资数万，以自办小学；更有捐数十万以办中学，尤有捐至百万、千万以办大学者；甚至

福建私立集美师范学校全体摄影（1918 年 12 月）

新利川黄梨罐头厂内景

运载黄梨的牛车

树胶厂

恒美米厂

有捐至万万以办多数之大学；其获利愈多，则其向义之忱愈热。例如美国三百所大学，其由商家兴办者竟占二百八九十所，故其教育能收美满之效果，国强民富，为今日世界之头等国。我国民则不然，虽略知竞争于财利，若义务则茫然不知，或有知者则吝啬资财不肯倡办，袖手旁观，互相推诿，以致教育不兴，百业不振，奄奄垂死，迄于今日，言念及此，诚堪痛哭流涕。兹者我辈既已知之，则必行之，行之如何，惟有竭尽绵力，毅然举办，以冀追步外人而已。余蓄此念既久，此后本人生理（意）及产业逐年所得之利，除花

红之外，或留一部分添入资本，其余所剩之额，虽至数百万元，亦决尽数寄归祖国，以充教育费用，是乃余之所大愿也。本家之生理产业，大家可视为公众之物，学校之物，勿视为余一人之私物。望诸君深信余之所言是实，勿误会为欺瞒之语。设有花红不满意者，乃被公益所屈，学校所屈，非被余一人之所屈。如或有作欺负之事，乃欺负公益，欺负学校，非欺负我一人。祈诸君明白此义，切信余言，勿视余为未能免俗，亦将为儿子图享。固然，父之爱子，实出天性，人谁不爱其子，唯别有道德之爱，非多遗金钱方谓之爱，且贤而多

财则损其志，愚而多财则益其过，是乃害之，非爱之也。况际此国家存亡续绝之秋，为子者若自私自利，安乐怠惰，但顾一己之挥霍，不顾公益之义务，则是与其父居反对之地步，对于国则不忠，对于父母则不孝，不忠不孝虽有多子奚益哉……"他的这篇演讲对竞争财利与竞争义务的关系作了非常透彻的阐述，也把自己的抱负与志向表达得十分明白，既反映了陈嘉庚矢志办学的决心，也揭示了他的兴学动机。回到故乡集美后，陈嘉庚开始大规模兴办教育事业。一方面把办好集美学校作为首要目标，另一方面紧锣密鼓地筹备厦门大学。

1920年 开办水产航海教育

1920年2月，陈嘉庚有感于旧中国"门户洞开，强邻环伺""船舶川行如织，但航权均操洋人掌握""世界数十国航业注册，我国竟无资格参加"的可悲状况，指出"今后我国欲振兴航业，巩固海权，一洗久积之国耻，沿海诸省应负奋起直追之责"，"我国海岸线最长，渔产最富，而渔业不甚发达，抚躬自问，惭愧滋深！从今而后，甚望国人当仁不让，急起直追，庶几海疆利益，有挽回之希望也"。他认为，要"开拓海洋，挽回海权"，就要振兴渔业、航业，"欲振兴航业，必须培育多数之航业人才"。他义无反顾地负起"直追之责"，选择在被迫开放为通商口岸的厦门，在他自己创办的集美学校开办水产科，以实现他"造就渔业航业中坚人才，以此内利民生，外振国权"的宏愿。

建造中的水产航海实习船（1923年）

集美学校水产航海实习船集美第一号

集美学校商一组师生合影（1922 年）

1920年　开办商业教育

陈嘉庚从亲身涉足南洋商战数十年的经历中，深刻领悟到商业教育的重要性。他反思我国的经济境况，认为"我国商业之不振，不在于土地、物资、人力和资本诸原因，所独缺者，商人不知商业原理与常识"，"补救的方法，莫善于兴学，其根本是科学，科学源于专门大学"。他认为，"侨商若欲求免天演之淘汰，务必急起直追，学习西式簿记知识，银行、贸易技术本领"，因此有了创办商科的想法。1920 年 8 月，陈嘉庚在集美学校创设商科，旨在培养有学识之才，援助南洋华侨经营商业，并希望通过培养商业人才，"改变国内墨守成规的商业经营方式，以谋民生问题的解决，以期建设新国家"。

1920年　致力"教育推广"

陈嘉庚从新加坡返回集美后，还深入同安乡村调查，目睹农村经济衰落，教育事业落后，心中甚为忧虑。为了改变这种状况，他倡议组织"同安教育会"，自任会长，并带头认捐开办费一万元，常费逐年五千元，作为"同安教育会"的经费。陈嘉庚函告新加坡同安籍华侨，号召支援家乡发展教育事业。按照他的计划，同安县十年内创办 200 所小学，普及小学教育。他自己每年补助办 20 所，另动员同安籍富侨创办 50 所。为了实现这一计划，1920 年，他在集美学校设立教育补助处，开始补助同安兴办小学。1924 年 1 月，教育补助处改为"教育推广部"，1925 年后，把补助范围从同安扩展到闽南和闽西地区。据统计，从 1924 年至 1935 年，获得经费补助的学校达 73 所，其中中学 2 所，小学 71 所，分布在 20 个县市。

1921年　设立女子师范

为了进一步打破重男轻女的封建思想束缚，大力提倡女子上学，陈嘉庚于 1921 年 2 月在集美学校设立女子师范部，辖女子小学。1921 年 2 月 23 日，定"福建私立集美学校"为总校名。内分师范、中实（包括中学、水产科、商科）、女师（女小隶之）、小学、幼稚园五个部，全校学生 1409 人。学校还先后设置了一系列为师生学习、工作、生活服务的图书馆、医院等公共设施，于 1922 年设立科学馆。

集美学校女师部一组毕业摄影（1925年6月）

集美学校师范第一组毕业摄影纪念（1923年元旦）

集美商业学校第五组毕业摄影（1927年11月）

集美女师第五组毕业摄影纪念（1926年11月）

1921年 创办厦门大学

陈嘉庚认为在家乡闽南创办一所大学非常必要，他指出，"国家之富强，全在乎国民，国民之发展全在乎教育"，"何谓根本，科学是也。今日之世界，一科学全盛之世界也。科学之发展，乃在专门大学。有专门大学之设立，则实业、教育、政治三者人才，乃能辈出"。他说："民国八年夏余回梓，念邻省如广东江浙公私立大学林立，医学校亦不少，闽省千余万人，公私立大学未有一所，不但专门人才短少，而中等教师亦无处可造就。"因此，他回国后即在报上刊登《筹办福建厦门大学附设高等师范学校通告》，指出："专制之积弊未除，共和之建设未备，国民之教育未遍，地方之实业未兴。此四者欲望其各臻完善，非有高等教育专门学识，不足以躐等而达。吾闽僻处海隅，地瘠民贫，莘莘学子，难造高深者，良以远方留学，则费重维艰，省内兴办，而政府难期。长此以往，吾民岂有自由幸福之日耶？且门户洞开，强邻环伺，存亡绝续迫于眉睫，吾人若复袖手旁观，放弃责任，后患奚堪设想！鄙人久客南洋，志怀祖国，希图报效，已非一日，不揣冒昧拟倡办大学校并

即温楼（1921 年）

附设高等师范于厦门。"1919 年 7 月 13 日，陈嘉庚邀集各界人士在厦门浮屿陈氏宗祠开特别大会，说明筹备厦门大学的动机和经过。他说："窃吾人欲竞存于世界而求免天演之淘汰，非兴教育与实业不为功。此固尽人所知，然就进化之程序言之，则必先兴教育，而后实业有可措手……今日国势危如累卵，所赖以维系者，惟此方兴之教育与未死之民心耳。若并此而无之，是置国家于度外而自取灭亡之道也。"他还指出，"厦大之设原由集校感触而来"，但"厦大之设，非仅为集美学校计，乃为全省全国计，其宗旨以培养教师人才"。他说自己"绵力有限，唯具无限诚意"，愿意以身作则，带头示范，"先认捐开办费 100 万元，作为两年开销；再捐经常费 300 万作 12 年支出，每年 25 万元"，并拟于开办两年后，学校略有规模时，即向南洋富侨募捐。

1921 年 4 月 6 日，厦门大学开学。因校舍尚未兴建，暂借集美学校即温楼和一些辅助房屋作为临时校舍。1922 年 2 月，第一批校舍落成后，厦门大学师生从集美学校迁往厦门演武场新校舍上课，以后又陆续兴建校舍，招生规模也逐步扩大，校务蒸蒸日上，聚集了一批国内学界翘楚，组成实力雄厚的师资队伍，成为全国著名的大学。1937 年，厦门大学改为国立。

1923年 拟办集美大学

1922 年 3 月，因胞弟陈敬贤回梓养病，陈嘉庚被迫放弃长住家乡办学的计划，启程返回新加坡接理公司经营事务。但兴学的计划仍持续推进。1923 年 1 月 27 日，他在给集美学校校长叶渊的信

中提出："本校将来应改为大学，其理由不在规模之广，而在对内对外可期有益无损，与宗教人之但张其名誉者不同耳。教育部章，如专办一科，亦可称为大学。大学中之科有最省之费，年花不上万元亦有可办者。总我决不如是主张，当除厦大办不到之科而由本校承办，并助吾闽各科学之完备也。其科则如农林科或农科，厦大迫于地势，当然就地不能办此科。若我大陆之集美，平田虽乏，若作试验场，就同安辖内，要千百亩之地，无难立置……他日应再添别科，亦意中事。唯目下应办不雷同于厦大是也。如荷赞同，则秋季宜先办甲种农业为基础，至于实行发表改为大学者，拟于何年由先生自定之。"陈嘉庚信中还说："至于未改之前，先生视何时有相当之人可以交代者，要达宿愿往欧美留学或调查考察，以一年为限。应开各费，由本校负责。薪俸与优待费，仍旧准给。如视为免出洋，亦属无妨。请先生自主之，弟均听从。又如令弟（指叶道渊）留德不久将毕业，如肯任本校之职务者，更为欢迎。若于普通学毕业后，有意再留一二年更求高深之学问者，本校可助其学费，俾他年回国得尽本校之职务，而壮名称实于集大也。"在 2 月 23 日给叶渊的信中又提到，预算过几年如能获利 250 万元，"可供两大学（指厦门大学与'集美大学'）之费"。2 月 28 日，他又致函叶渊，详细阐述了集美学校的发展规划，提出："计划集美全部，宜以大学规模宏伟之气象。"由此可见，在集美创办大学是陈嘉庚当年的夙愿，他曾经有过很周密的计划。但创办大学的条件尚不成熟，就先创办农科，以区别于厦大。

集美学校第二次运动会在三立楼背面的大操场举行（1920 年 5 月）

集美学校全景（1923 年）

集美农林学校务本楼及瞭望台（1933年）

1926年 开办农林教育

陈嘉庚指出："我国素称以农立国，然因科学落后，水利未兴，改良无法，故收获不丰，民生困苦。本省虽临海，农业实占一大部分，尚乏农林学校，以资研究改良，余对农科尤为注意。"1925年5月，陈嘉庚指示集美学校校长与同安仁德里洪塘社乡民签订契约，购买天马山麓附近荒废山地，筹建农林部校舍务本楼，开辟农林试验场。1926年春，农林部正式开学。同年秋又开辟畜牧场，添购牲畜甚多，培育许多树苗，派人到各乡村游说植树造林。

1926年　设立国学专门部

1926年9月，集美学校设立国学专门部，按照专门学校的规章制度办理，修业年限定为四年。次年9月，国学专门部学生为谋师资便利计，签名陈请移并厦门大学文科办理。经集美学校校长与厦门大学校长多次洽商，议定代办条件后，学生持集美学校出具的证明，前往厦门大学注册上课。1930年5月，该届学生到集美学校实习，由中学校教务主任负责指导。毕业时毕业证书由厦门大学转呈福建教育厅核准验印，加盖校主陈嘉庚的印章后颁发。

1927年　创办幼稚师范

1927年9月，为解决幼稚园师资严重不足的问题，陈嘉庚又在集美学校创办幼稚师范。学校提出："幼稚教育不能靠舶来品，不能依样画葫芦，不能胶柱鼓瑟，是有时代性的。闽南的幼稚教育，不能专在外国研究，亦不能在北平上海研究的，应该是在闽南地方研究的。不是靠着外国人，或不关痛痒的人来研究，是要靠着生于斯长于斯的有心人来研究的。这样的研究，才能彻底，才能亲切。本校的设立，就是要集合闽南有志幼稚教育的分子，在闽南研究现代闽南的幼稚教育。"

1931年　兼办"试验乡村师范"

1931年9月，集美初等教育社同人创办乡村师范，提倡"教学做合一""会的教人，不会的跟人学"，目的在"培养乡村儿童及农民敬爱的导师"。1932年夏天，实验乡村师范发起人为立案便利及扩充经费，商请叶渊校董收归集美学校办理，经请示陈嘉庚同意后，实验乡村师范由集美学校兼办。

早期集美幼稚园（1926年）

集美试验乡村师范学校师生合影（1933年）

1939年　倡办新加坡水产航海学校

抗日战争爆发后，国内水产航海学校或内迁，或停办，"质量不免有损"。陈嘉庚在《南侨回忆录》中指出："我国沿海八九省，海岸线长近万里，海产之富，无物不有，水上交通范围极广。唯科学不讲，百业落后，渔权丧失，渔利废弃。然自光复后国难虽频，民气日盛，此次抗战最后胜利必属我国，不平等条约必尽取消，利权可以挽回。然此事首需科学人才，而水产航海学校，光复后全国只有吴淞一校，后来继起者，如集美、烟台、广东等数校，虽未甚发展，已略有基础。自抗战后沿海失守，集美广东两校内移，质量不免有损，其他诸校消息不闻。为此之故，余于民廿八年（1939年）春，在新加坡倡办水产航海学校，学生三班一百余名，经费由福建会馆担任，甫办三年尚未毕业，而新加坡已失陷，希望战事不久告终，未毕业学生，可回集美或广东等校补修至毕业也。"

1940年　倡办"侨民师范"及南洋华侨师范学校

1940年年底，陈嘉庚致电时任国民政府教育部长的陈立夫，提出在广东、福建两省各办一所侨民师范学校。他指出："南洋华侨中小学校，三千余校，男女学生三十余万人，教师一万余人，闽粤二省居多。而南洋亦未有华侨正式师范学校，所需教师概从祖国聘来。以闽粤二省现状观之，所有师校毕业生，已不敷省内需求，而南洋华校，年须增加千余人，多向省内争聘，致闽粤教师愈形缺乏。"他主张"闽省应开设于闽南，多收闽南贫生，毕业后较可实践来洋服务，至粤省应设何处，其与粤省府商酌"。不久后接到陈立夫回电，"拟先办一校，不必设于闽粤"。陈嘉庚认为"作事当取实效，若设他省将来难收实效"，所以再给陈立夫发电报，但没有回音。

1941年2月，陈嘉庚"因教育部不肯在闽粤省内开办师范学校，故拟在新加坡倡办南洋华侨师范学校"。《南侨回忆录》中记载："适李君光前，自前年购一座昔时富侨巨宅，价五万余元，拟作校舍，经工程师绘图，英提学司批准，但未决办何学校，故未动工修改。余乃请其捐献，复捐修理费五万元，共十万元，又承陈贵贱、李俊承、陈延谦、陈六使、曾江水各认二万元，余认一万元，共二十一万元。拟待数月后或开课后，再向同侨求捐基金，料数十万元可无难事。于是积极筹备，按秋季开课。"1941年10月10日，南洋华侨师范学校行开幕礼，学生二百三十余名，教职员廿余名。"此新加坡'南洋华侨师范学校'经过重庆教育部之阻挠，在洋党人及报馆之破坏，幸得艰难成立，尚期日有进步，乃遭遇世界大战，新加坡失陷，乃不得不结束停课。"

与此同时，经过陈嘉庚与陈立夫反复交涉沟通，据理力争，还以华侨界参政员的身份向国民参政会提交《关于在闽粤创设师范学校提案》并获得通过，1941—1942年，两所侨民师范学校在福建和广东相继设立，分别命名为国立第一、第二侨民师范学校。经当时教育部、侨务委员会派员与福建省府商酌，国立第一侨民师范学校初期定址闽西长汀。

新加坡航海学校实习船

集美高十三、初五十毕业组与校主留影（1940年10月）

抗战期间陈嘉庚看望内迁安溪的集美学校师生并讲话（1940年10月）

抗战期间集美学校内迁大田时水产航海师生上课情景（1941年）

1945 年年初，赣州失守，长汀告急，为师生安全计，学校迁入漳平。同年日寇投降，厦门光复。为学校长远发展计，校址获准于 1946 年年初再迁厦门曾厝垵。1949 年 7 月 25 日国民政府教育部电令停办。1950 年复校并更名为厦门师范学校。国立第二侨民师范学校 1942 年在广东浮源县开办，辗转迁徙南雄、安远（江西）、梅县、广州，1949 年 7 月被国民政府解散。新中国成立后，曾先后改名为省立第一师范学校、广州市第二师范学校等，1962 年改名为广州市第三十中学，2006 年 12 月 26 日更名为"广州市陈嘉庚纪念中学"。

1951年 添办"水专"和"福建航专"

陈嘉庚与水产航海学生在一起

抗战胜利后，陈嘉庚连任新加坡福建会馆主席，除了继续主持道南、爱同、崇福等学校，还创办南侨女子中学和光华学校等。新中国成立后，陈嘉庚回国参政议政并定居家乡集美，致力于恢复和发展集美各校，又开办了一系列学校。

1951 年 1 月，增办集美水产商船专科学校（水专）；1952 年 9 月，经教育部批准，水专与厦大航务专修科合并，成立"国立福建航海专科学校"（福建航专）；1953 年经征得陈嘉庚同意，高教部决定将福建航专迁往大连，与上海航务学院、东北航海学院合并成立大连海运学院。

陈嘉庚与大连海运学院的学生在一起（1955 年 8 月）

1953 年 创办华侨补习学校

1953 年，陈嘉庚考虑到南洋各地华侨教育因受种种限制，回国求学的侨生将日益增多，为方便广大华侨学生回国就学，便向中央人民政府建议在集美创办归国华侨学生中等补习学校，专收归国侨生，进行补习教育。人民政府很快采纳这一建议，拨专款委托他筹建新校舍。11 月，在福建省侨委、省教育厅、厦门市文教局的领导下，"集美华侨学生补习学校筹备委员会"成立，进行建校的筹备工作，接收"福建航专"移交的校舍、家具等。12 月，集美华侨学生补习学校开始接待第一批归国侨生，12 月下旬开始上课。1954 年 1 月 4 日，补行开学典礼，宣布正式开校。

1957 年 8 月，陈嘉庚鉴于侨属子女初、高中学生中途失学者颇多，认为华侨子女"父兄远在海外，家在乡村者既非从事农业，家在城市者亦少经营工商业，唯赖侨汇维持生活，对于彼等不能置之不顾，因此补习学校广事招收彼等入学，俾使勿灰心学业，实有必要"。他征得中侨委的同意和支持，倡办"侨属子女补习学校"，委托"集美华侨学生补习学校"负责兼办，指定陈村牧兼任校长，全校经费全部由学杂费收入维持。学生按程度分初中预备班、初中一年级、高中预备班、高中一年级及大学先修班等五种班级。

陈嘉庚与华侨补习学校的侨生们在一起

陈嘉庚参加华侨补习学校联欢会，受到师生们的热烈欢迎

1955 年 12 月，陈嘉庚决定将集美学校领导机构从个人负责的校董制改变为集体领导的委员会制，撤销校董会，设立私立集美学校委员会（校委会）。聘请原校董会秘书主任陈朱明为主任，陈嘉庚的秘书张其华兼任副主任，协助陈朱明。委员包括集美各校校长、原董事长、集美镇镇长、集友银行协理等十七人。校委会于 1956 年元月 1 日正式成立。陈嘉庚亲自主持第一次会议，说明改组原因，他要求校委会发挥集体智慧，共商学校大事，确定常务委员会及全体委员会会议制度。

陈嘉庚还提出学校发展的远景规划、经费安排以及当前应做的事项。事后他还亲自向新加坡、香港等地亲友发函通知，更换香港、厦门、上海集友银行股东名称和印鉴。当日还在《厦门日报》上刊登《集美学校委员会成立启事》。校委会下设办公厅，秘书、总务、会计三处，学习、体育两委员会及建筑部。校委会负责主持有关各校机构设置、办学规模、经费分配、基本建设及公共活动的联系等事宜，它与中学、财经、水产航海等三校平行联系，小学、幼儿园及公共机关属校委会领导。当时公共机关有科学馆、图书馆、医院、建筑部、电灯厂、电影俱乐部、业余夜校、托儿所等单位，以后又有自来水厂、印刷厂、烧灰厂、砖瓦厂、水泥制品厂、木作厂、油漆加工厂、独轮车厂和藤器厂等单位。

1961 年 8 月 12 日，陈嘉庚在北京医院逝世，享年八十七岁。回顾他的一生，从 1894 年创办惕斋学塾开始，到 1961 年弥留之际仍念兹在兹留下"集美学校一定要继续办下去"的遗言，兴学时间达六十七年之久。

据不完全统计，陈嘉庚一生矢志兴学，创办、资助、倡办的学校达一百一十八所。他所创办的学校涵盖学前教育、初等教育、中等教育和高等教育，普通教育、师范教育、实业教育一应俱全。长时间大规模的办学活动耗尽陈嘉庚的巨额资财，也耗尽他的心血，却因此铸就了一座倾资兴学的历史丰碑。

陈嘉庚在校庆纪念大会上讲话（1956 年 3 月 10 日）

陈嘉庚巡视竣工后的鳌园（1956 年）

筚路蓝缕 玉汝于成——陈嘉庚兴学之"诚"与"毅"

Achieving Success Under Great Adversity: Tan Kah Kee's "Sincerity" and "Fortitude" in His Pursuit of Education Excellence

陈嘉庚矢志兴学,出于爱国爱乡之"赤诚",期尽"国民天职"。缔造维艰,维持匪易,庞大的校费全赖陈嘉庚"血汗输将,苦心支持"
企业惨淡收盘,抗日烽火燃起,为"维系校运于弗坠",陈嘉庚竭殚心力、尽瘁终身,毅力非凡。

集美学校钟楼（1933 年）

余自冬间欧战息后，便思回国久住，以办教育为职志，聊尽国民一分子之义务。

陈嘉庚一生恪守"天下兴亡、匹夫有责"的古训，以拯救国家危难为己任。

陈嘉庚虽"久客南洋"，但"志怀祖国，希图报效，已非一日"。辛亥革命胜利后，陈嘉庚"爱国意识猛醒勃发"，抱定"教育为立国之本，兴学乃国民天职"，以"办教育为职志"，"立志一生所获财利，概办教育，为社会服务"。

陈嘉庚曾说："鄙人于教育一事实门外汉，本不敢以扣盘扪烛之见贡献于方家之前，第为爱国愚诚所迫，欲出而提倡举办。爰于民国二年创办集美小学校，方知小学教师缺乏，继办师范、中学，欲以培植师资及预备专门人才。开校一年有半，教员屡更，成绩未见，复觉中学师资更难。敝处如此，他县可知，岂非进行教育之大阻碍。私心默察，非速筹办大学高师实无救济之良法……"办大学"必须年筹几十万或百万元的经费或千万元基金，可收学生数千名"，但自己"绵力有限，唯具无限诚意"。

陈嘉庚身上有一股强烈的"天职意识"，他在《个人企业追记》里写道："余自冬间欧战息后，便思回国久住，以办教育为职志，聊尽国民一分子之义务。"他在筹办同安教育会时说："倘蒙不弃，弟当力负责任，以尽天职。"在《〈南洋商报〉开幕宣言》一文中，他写道："……国家兴亡匹夫有责，自当急起直追以尽天职……"在1926年8月致集美学校校长叶渊的一封信中，他写道："至希望发展我祖国，亦不外实业教育以尽天职。"

1934年4月，陈嘉庚在《畏惧失败才是可耻》一文中写道："我办学之动机，盖发自民国成立后，念欲尽国民一分子之天职。"

陈嘉庚深知兴办教育是政府的责任，也是"国民天职"。当政府"不可期"或"力有不逮"时，"兴学责任讵有旁贷"。他当年"深感福建教育前途悲观，乃决定创立师范讲习班，寄望他日广树师资，以供闽南及南洋初等教育之需求，俾得发展教育，提高民智，改造社会也"，"因感于中等教育之不足培植专门人才，乃又办厦门大学"。

陈嘉庚曾说："欧美人民之捐资兴学者比比皆是，其数之巨极为可观，换言之，西洋捐资兴学已蔚成风气，是以余虽办有集美、厦大两校，不足资宣扬，实聊尽国民之天职而已。"至于为什么要把"赚的钱全拿出来"，是因为他想"设法援救"许多华侨"对于实业教育各问题置之不问"的冷漠态度，故"身先作则，创办数事，以警醒之"。为此，"改将所有家财尽出之，以办教育，并亲来中国经营，以冀将来事或成功，使其他华侨有所感动也"。

陈嘉庚自己时时"期尽国民天职"，也希望学生尽国民之责任。他在1919年9月12日集美学校举行的秋季始业式上殷切期望同学们"对于国家，当尽国民之责任，凡分所应尽者，务必有以报国家"。对于学校，"诸生在校希勿稍忽功课，努力向前。在校既能尽学生之职务，出校则能尽国民之职务是也"。他还曾语重心长地对集美学校的学生说："我培养你们，我并不想要你们替我做什么，我更不愿你们是国家的害虫、寄生虫；我希望于你们的只是要你们依照着'诚毅'校训，努力地读书，好好地做人，好好地替国家民族做事。"

福建私立集美师范学校第六组毕业摄影（1927年）

陈嘉庚（前排左四）回国慰劳，途经长汀时与集美学校、厦门大学校友合影（1940 年 11 月）

金钱如肥料，撒播方有用
财由我辛苦得来，亦当由我慷慨捐出

陈嘉庚一生轻金钱重义务。他深知"百事非财莫举"，但他不当守财奴。陈嘉庚常说，"金钱如肥料，撒播方有用""财由我辛苦得来，亦当由我慷慨捐出"。所以他把一生所获财利，全部献给教育和进步事业。黄炎培由衷赞叹："发了财的人，而肯全拿出来的，只有陈先生。"

陈嘉庚经营实业赚的钱，是他办学的经济基础。陈嘉庚曾对叶渊说："须知余办学校，非积存巨金寄存银行，一切经费，皆待经营。本校及厦大费用，端赖活动生意之接济。"

《陈嘉庚公司分行章程》序言也开宗明义指出："本公司及制造厂虽名曰陈嘉庚公司，而占股最多则为厦门大学与集美学校两校，约其数量，有十之八。盖厦集两校，经费浩大，必有基金为盾，校业方有强健之基。而经济充实，教育乃无中辍之虑。两校命运之亨屯，系于本公司营业之隆替。教育实业相需之殷，有如此者。况制造工厂为实业之根源，民生之利器。世界各国奖励实业，莫不全力倾注。在其国内，一方讲求制造，抵抗外货之侵入；一方锐意推销，吸收国外之利益。制造推销，兼行并进，胜利自可握诸掌中；否则一动一止，此弛彼张，凡百事业，皆当失败，况正当肉搏之经济战争哉！我国海禁开后，长牙利爪，万万竞进，茫茫赤县，沦为他人商战之场，事可痛心，孰逾于此。然推其致此之由，良以我国教育不兴，实业不振，阶其厉耳。凡我国民，如愿自致国家于强盛之域，则于斯二者，万万不能不

加注意也审矣。惟然，则厦集二校之发达，本公司营业之胜利，其责尤全系于同事诸君。诸君苟奋勉所事，精勤厥职，直接兴教育实业，间接福吾群吾国矣。庚十年心力，悉役于斯，耿耿寸衷，旦夕惕励，窃愿与诸君共勉，以尽国民一分子天职焉。"

陈嘉庚拥有千万资产，但由于校费沉重，"银

陈嘉庚公司橡胶厂

根无时宽舒"。1919 年至 1922 年，陈嘉庚亲自主持两校建设，这个时期的总支出 410 余万元，两校校费就达 220 余万元，占一半以上。1922 年 2 月 25 日，陈嘉庚在集美学校春季开学式上讲话，说他年纪大了，回国是为了献身教育，服务社会，以了余生，尽到国民的天职。回国时有三种收入充作学校的基金和经常费，即地皮屋业、橡胶园、生意及制造厂之收入。两年来学校的经费，全靠这些收入。但由于近来土产降价，生意大受影响。加上胞弟敬贤生病，因此必须亲自出洋筹划。

到了企业鼎盛时期的 1925 年，虽总资产 1500 万元，但银行的债务已增至 300 万元，实际资产为 1200 万元。这个阶段是陈嘉庚经济较好的阶段，但是，1926 年开始，经济就出现了困难，企业惨淡经营、每况愈下。在经济困难的时期，陈嘉庚曾说："世界无难事，唯毅力与责任耳！"这就是他赖以支撑兴学的精神支柱。1926 年至 1928 年，胶价暴跌，每担由约 180 元下降到约 90 元，他所经营的各业"均无利可收"，而支出达 490 余万元，其中集美学校和厦门大学两校校费 220 余万元，银行利息 130 余万元，无奈两次出售胶园 11000 英亩以充抵。这是陈嘉庚始料未及的，两校的建设受到很大的影响。厦大已动工的校舍竣工后，不再续建，集美学校的建筑工程也暂时停工了，原拟在国内建三座图书馆的筹备工作也停止了。陈嘉庚说："此为我一生最抱憾、最失意之事件。"在这之前，他"凡有盈余，尽数可加入教育费……

陈嘉庚公司

迨至今日方悟公益事业非艰难辛苦不为功"，但振
兴祖国不外实业和教育，"经营地方之利，仍还地
方之益，一息尚存，此志不减"。

　　1929 年至 1931 年 8 月，陈嘉庚的企业受到世
界资本主义经济危机的袭击，持续多年，胶价一
跌再跌，每担由约 90 元猛降至七八元。这期间的
收入"只供义捐及家费"，支出仍达 280 余万元，
其中两校经费 90 余万元，银行利息 120 余万元，
致积累负债 400 万元。当时，有人曾劝说陈嘉
庚减少逐月汇给集美学校和厦门大学的经费，陈嘉
庚回答："我吃稀粥，佐以花生仁，就能过日，
何必为此担心。"不久之后，又有人好意劝他停
止校费以济营业之急需，他坚决不肯，说"余不
忍放弃义务""盖两校如关门，自己误青年之罪少，
影响社会之罪大，一经停课关门，则恢复难望"，

表达了"毅力维持"集美学校和厦门大学的决心。

　　1931 年 10 月，陈嘉庚被迫接受银行团条件将
公司改组为有限公司，银行派人另组董事会，限
定补助集美学校和厦门大学两校经费每月不得超
过 5000 元。此时两校经费极为困难。后来某国垄
断集团要对陈嘉庚的企业加以"照顾"，提出的条
件是停止维持集美学校和厦门大学，陈嘉庚十分
愤慨，指出"宁使企业收盘，绝不停办学校"，断
然予以拒绝。为了筹措校费，陈嘉庚将已承继给
陈济民、陈厥祥两子的私家住宅抵押给银行，周
转融通，继则过户易主，卖给华侨银行负责人，
校史上称此为"出卖大厦，维持厦大"。为保存集
美学校和厦门大学，陈嘉庚将新加坡、槟城两处
橡胶厂出租给李光前的南益公司，巴双厂也租给
南益公司，约明有利时分出一半作为两校经费；

麻坡厂租给陈六使的益和公司，得利全部充作集
美校费；怡保、太平等厂招经理人和自己合租，
得利抽三成作校费。虽然校费极力削减，但"奇
利难闻"。陈嘉庚为"维持二校之生存，难免时时
焦灼"。1934 年 2 月，公司董事会召开股东非常大会，
决议陈嘉庚有限公司自动收盘。社会上风传陈嘉
庚公司收盘后两校不久也必将关门停办，为此陈
嘉庚在报上刊登《陈嘉庚启事》，说明两校"自可
维持，绝无影响，望两校员生坚定奋发，为振兴
我民族之文化而努力，勿为浮言所惑"。到了 1936
年春，经费困难日趋严重。陈嘉庚考虑到"厦集
两校虽能维持现状，然无进展希望，而诸项添置
亦付缺如，未免误及青年"，为了集中力量维持集
美学校，他写信给教育部长王世杰和福建省政府表
示愿意无条件将厦门大学献与政府，改为国立。不

久得到复函同意，厦门大学于 1937 年改为国立。陈嘉庚后来追述时仍不胜感慨地写道："每念竭力兴学，期尽国民天职，不图经济竭蹶，为善不终，贻累政府，抱歉无似。"事实上，他为了创办与维持厦大，已经付出巨大的牺牲，尽了最大的努力，十六年间为厦大支出的款项刚好与当初认捐的 400 万元相符。

1937 年 6 月 14 日，陈嘉庚提出《复兴集美学校守则十二条》，要求"以复兴民族之苦干精神来复兴集美学校"。复兴计划原本很有希望将集美学校带进一个崭新的阶段，然而，抗日战争的全面爆发，不仅使得复兴集美学校的计划无法付诸实施，还使得学校面临更为严峻的考验。

抗战时期，集美学校辗转内迁安溪、大田等地，经历了艰难困苦的八个春秋。校舍历遭日寇轰炸，美丽的"和平学村"几成废墟。1940 年 10 月 25 日，陈嘉庚在安溪与集美学校师生相见，看到学校在战火中弦歌不辍，"觉得非常欣慰"。陈嘉庚在讲话中回顾了集美学校创办的经过和困难，报告了南洋华侨对祖国抗战的关心和回国访问的观感，分析了抗战的形势及必胜的信心。他充满信心地说，"抗战胜利属于我，这是一万分之一万的肯定""我相信，在不久的将来，我们就要得到胜利！我们一定可以回到我们的集美去"。陈嘉庚勉励同

集美学校校舍遭日军轰炸的情形

学们在这个艰苦的时期一定要"抱着大公无私的精神，凭着'诚毅'二字校训，努力苦干"。

抗战胜利后，陈嘉庚为修复集美学校校舍"焦灼万分"，煞费苦心。他自己被炸坏的住宅却迟迟不修复。1949 年 4 月 29 日，在新加坡福建会馆和怡和轩欢送陈嘉庚回国的会上，他作了题为"明是非，辨真伪"的演讲，在谈到修复集美校舍时说："余住宅被日寇焚炸，仅存颓垣残壁而已。集美校舍被炮击轰炸，损失惨重。复员于今三年余，费款于集美学校共三十余万元，修理与学费各半，至倒塌数座校舍尚乏力重建。若重建住宅，所需不过二万余元，虽可办到，第念校舍未复，若先建住宅，难免违背先忧后乐之训耳。"一直到 1955 年，在集美学校校舍全部修葺后，他才着手修复自己的住宅。

集美学校校舍遭日军炸毁的情形

陈嘉庚与水产航海学校师生合影（1951 年）

集美财经学校卅一组毕业班侨生与陈中委留影
1955. 12. 25.

新中国成立，集美学校迎来新生。陈嘉庚充分表达了将集美学校无条件献给政府办理的意愿，认为学校由政府接办，方能发展扩大，即使各项设备未可一蹴而就，但优待贫寒学生定可做到。而他自己则尽力向南洋方面筹措经费，充实设备，以补足政府之所不及。并表示自己"有些钱当尽瘁终身……绝非放弃责任"。人民政府考虑到集美学校的悠久历史和在海内外的声誉，希望陈嘉庚维持私立名义，学校的经费由国家补助，学校的教学工作由政府各主管部门负责指导，中专各校毕业生，由国家负责分配。

陈嘉庚为减轻国家的教育经费负担，慨然接受，奋其风烛余生，继续为集美学校呕心沥血、鞠躬尽瘁。

1961年8月12日，陈嘉庚在北京与世长辞。弥留之际陈嘉庚仍念念不忘集美学校，嘱咐"集美学校一定要继续办下去"。他把学校看得比生

陈嘉庚与集美财经学校毕业班侨生合影于敬贤堂前（1955年12月25日）

命更重要，念兹在兹，以实际行动实现自己对教育事业"尽瘁终身"的诺言。

1994年10月20日，在纪念陈嘉庚先生诞辰一百二十周年之际，由集美学村原有的集美航海学院、厦门水产学院、福建体育学院、集美财经高等专科学校和集美师范高等专科学校五所院校合并组建的集美大学正式成立，实现陈嘉庚早在1923年就提出的"本校将来应改为大学"的夙愿，历经坎坷的集美学校翻开崭新的一页。

2018年10月，集美大学迎来建校一百周年。水有源，故其流不穷；木有根，故其生不穷。饮水思源，抚今追昔，陈嘉庚不仅为我们留下有形的"嘉庚建筑"，更留下无形的"嘉庚精神"，这是我们最为宝贵的精神财富，是集美大学的"立校之本"。

陈嘉庚兴致勃勃地观看集美学校运动会（1955年）

集美大学的嘉庚建筑有着中西合璧的独特风貌和深刻丰富的文化内涵

「百年集大 嘉庚建筑」是一本凝聚着情怀的历史相册

也是一部融汇了百年历史沧桑和传承发展的故事书

嘉庚建筑　世纪丰碑

TAN KAH KEE ARCHITECTURE
THE CENTENNIAL MONUMENT

陈嘉庚生一生倾资兴学，耗资最巨者莫过于为集美学校和厦门大学兴建规模宏大的校舍

这些校舍始建于学校创办初期，相对集中于二十世纪二十年代和五十年代，这些校舍中西合璧、独具一格，被称为"嘉庚建筑"

2006 年，国务院核定并公布集美学村和厦门大学早期建筑为第六批全国重点文物保护单位

其中包括允恭楼群（即温楼、允恭楼、崇俭楼、克让楼）、尚忠楼群（尚忠楼、敦书楼、诵诗楼）

南薰楼群（延平楼、道南楼、黎明楼、南薰楼）、南侨楼群（南侨第十三楼、南侨第十四楼、南侨第十五楼、南侨第十六楼）

科学馆、养正楼等集美学村早期嘉庚建筑和以群贤楼群、建南楼群、芙蓉楼群及博学楼为主体的厦门大学早期嘉庚建筑

还有一批嘉庚建筑被公布为省、市文物保护单位

缔造维艰 毅力勇为——校舍建设的"黄金时期"

Beginning Under Adversity, Overcome By Fortitude
A New Era in Dormitory Construction

1923 年至 1926 年，是陈嘉庚企业蒸蒸日上，"得利最多和资产最巨之时"。他认为这是发展学校的难得机会，一再函促叶渊校长，加速校舍建设和增添设备，扩大规模，大量招生。往往"钱未到手，就先准备把它用掉"。

陈嘉庚创办集美学校建设的首幢建筑物——集美小学木质校舍

集美学校的首幢建筑物是 1913 年 8 月落成的集美小学木质校舍，造价 14000 元。

1916 年 10 月至 1918 年 3 月，陈敬贤受陈嘉庚委派主持兴建尚勇楼、居仁楼、立功楼、大礼堂等校舍以及电灯厂、自来水塔、膳厅、温水房、浴室、大操场等公用设施，建筑费共 20 余万元。

1919 年 6 月至 1922 年 3 月，陈嘉庚亲自主持集美学校校舍的建设工作。在这两年多时间里，建设的校舍有医院（集贤楼）、图书馆（博文楼）、科学馆、立德楼、立言楼、约礼楼、即温楼、明良楼、手工教室、钟楼、尚忠楼、诵诗楼、延平楼以及西膳厅、俱乐部、消费公社和操场等。1921 年 5 月 9 日，厦门大学校舍奠基，翌年建成群贤楼、映雪楼、集美楼、同安楼、囊萤楼、博学楼等。

1923 年至 1926 年，是陈嘉庚企业蒸蒸日上，"得利最多和资产最巨之时"。他认为这是发展学校的难得机会，一再函促叶渊校长加速校舍建设和增添设备，扩大规模，大量招生。往往"钱未到手，就先准备把它用掉"。因此，这几年中，集美学校建设了允恭楼、文学楼、敦书楼、葆真楼、养正楼、音乐室、美术馆、务本楼、崇俭楼、瀹智楼、肃雍楼、校长住宅、军乐亭、植物园、网球场、浴室、大膳厅、农林建筑办事处及工人住所等。厦门大学兴建了兼爱楼等一系列教员住宅、教员宿舍、学生宿舍、生物院、物化院等试验楼和其他公共设施。

1927 年以后，因橡胶价格暴跌带来经济困难，校舍建筑暂时停顿，集美学校在相当长时间内未兴建大的建筑。

1920年代前后集美学校嘉庚建筑一览表

序号	名称	层数	间数	建筑费（元）	竣工时间
1	木质校舍及护厝	1		14000	1913 年 8 月
2	尚勇楼	2	18	60000	1918 年 01 月
3	居仁楼	2	24		
4	立功楼	2	20	建筑费并于立德楼	1918 年 01 月
5	大礼堂	2	13	22400	1918 年 12 月
6	医院（集贤楼）	2	18	10000	1918 年 12 月
7	图书馆（博文楼）	3	16	45000	1920 年 11 月
8	科学馆	4	34	65000	1922 年 09 月
9	立德楼	3	27	76000	1920 年 03 月
10	立言楼	2	20	建筑费并于立德楼	1920 年 07 月
11	约礼楼	2	38	22000	1920 年 11 月
12	手工教室	1	6	8000	1920 年 11 月
13	即温楼	3	39	45000	1921 年 04 月
14	明良楼	3	33	30000	1921 年 06 月
15	钟楼	5	5	不详	1921 年 10 月
16	尚忠楼	3	22	36000	1921 年 02 月
17	诵诗楼	2	10	14000	1921 年 02 月
18	延平楼	3	30	6000	1922 年 09 月
19	允恭楼	3	44	109880	1923 年 08 月
20	小白楼	2			1924 年
21	肃雍楼	2	14	20000	1925 年 01 月
22	音乐室	1	3	3000	1925 年 02 月
23	校长住宅	2	8	16000	1925 年 04 月
24	军乐亭			3500	1925 年 04 月
25	植物园及管理房、工房			30000	1925 年 04 月
26	文学楼	3	5	4000	1925 年 08 月
27	敦书楼	3	12	30000	1925 年 12 月
28	务本楼	2	20	30000	1925 年 12 月
29	崇俭楼	3	36	38000	1926 年 02 月
30	瀹智楼	2	18	63000	1926 年 08 月
31	葆真楼 养正楼 群乐楼 照春楼			96000	1926 年 09 月
32	三才楼	1	6户/套		1926 年 08 月
33	八音楼	1	2排4座		1926 年 08 月
34	美术馆（原拟建音乐馆新馆舍，建成后改为美术馆）	2	42	30000	1925 年 12 月动工，因中途工程停顿延至 1931 年 12 月落成

二十世纪二十年代前后校舍建设概览

陈嘉庚一生倾资兴学耗资最巨者莫过于在集美学校和厦门大学兴建规模宏大的校舍

尚勇楼（1918年）

居仁楼（1918年）

立功楼、立德楼、立言楼（1918年、1920年）

科学馆（1922年）

大礼堂（1918年）

集贤楼（1920年）

博文楼（1920年）

约礼楼（1920年）

手工教室（1920年）

即温楼（1921年）

明良楼（1921年）

钟楼（1921年）

尚忠楼（1921年）

诵诗楼（1921年）

延平楼（1922年）

允恭楼（1923年）

小白楼（1924年）

肃雍楼（1925年）

音乐室（1925年）

校长住宅（1925年）

军乐亭（1925年）

植物园及管理房、工房（1925年）

文学楼（1925年）

敦书楼（1925年）

务本楼（1925年）

崇俭楼（1926年）

瀹智楼（1926年）

八音楼（1926年）

美术馆（1931年）

三才楼（1926年）

葆真楼、养正楼、群乐楼、煦春楼（1926年）

厦门大学群贤楼、映雪楼、集美楼、同安楼、囊萤楼、博学楼（1922年）

1933年集美学校建筑概况

1933年，集美学校出版《集美学校廿周年纪念刊》，对当时全校建筑概况作了详细记载，兹摘录如下：

本校建筑工程，向由校主办事处派人掌管，嗣因工程急进，特设建筑部以司之。民国十二年四月，校主将建筑事务划归叶校长办理，乃调白养浩主其事，谦辞不就。翌年四月，叶校长以校中建筑物，向无定名，通常称谓，或以号，或以方向，或以新旧，殊觉不便；特规定名称，分别已成未成，绘就平面图付印，并提挂匾额以张之。七月，集美半岛全图，由测量员陈钰生测量告竣。进而整理校地契据，公同勘验，实行丈量，将契面重要条件，编号登录。举凡界限范围，及面积若干，均详细填载。于是校址分明，而校产亦有切实之统计矣。九月，校主以建筑事繁，不可无人主持，乃聘同美车路主任王卓生为建筑部主任，以陈全放副之。重订办事细则，并遴委测量、司库、会计、登记、保管、监工等项人员，俾专责成。十四年五月，叶校长屡赴天马山麓测量水源，拟建设自来水，以供校用。发现该处荒地甚多，可设农林学校，因与洪塘头社家长订定收购天马山附近荒地契约。未几，分设建筑办事处于农林部，以利进行。九月，工程师余石帆到校。十五年十二月，校主电止建筑。迨十六年八月，各校工程结束，建筑部裁撤，所存材料，由总务处接收。此后建筑事宜，即由总务处及各校事务课分别任之，综计二十年来，建筑费已达一百五十一万四千余元。辛苦而得来之，慷慨而用之，校主之牺牲精神，诚伟矣哉！

全校重要建筑物，就规定之名称，概括述之：峻宇雕墙之间，有朴旧之木质平屋焉，是即集美小学故址。填海埭而为之，落成于民国二年，盖本校最初之建筑物，可留以为纪念者也。北向为居仁楼，翼以尚勇、渝智二楼，有泮池环之，跨石桥于其上，以达大礼堂。离立于堂侧者，雨操场也。东雨操场，划为俱乐部及消费公社；西雨操场则为课外运动之所，曩时曾度救火机于其隔焉。堂后有立德立言立功三楼，总务处会计处及储蓄银行，设于立德楼下。毗连立言楼者为博文楼，图书馆设于楼上，其前则约礼楼也。由约礼楼折而东北，有美术馆，原名音乐室，因欲辟为图画教室及图画成绩室，故易名以副其实，落成于民国二十年十二月，盖本校最新之建筑物也。馆后为医院。折而北即二房山，形势高亢，为全校冠，女学之尚忠诵诗文学敦书各楼在焉。其邻为葆真楼，结构新颖富丽，则幼稚师范及幼稚园之校舍也。东南行数百武（注：古时以六尺为步，半步为武），抵国姓寨，层楼巍峨，俯瞰沧波，是为男小学。因江干有郑延平故垒之古迹，故名为延平楼焉。

科学馆屹立于郭厝之旗杆山，为全校之中心点，校董办公室秘书处及教育推广部咸设于馆之三楼。其东有钟楼水塔及音乐室。北侧有军乐亭，亭北为植物园，拓地数十弓（注：一弓等于五尺），树木荟郁，徜徉其间，致足乐也！

馆之西南十余武，红楼与绿树相掩映，是为校董住宅。遥望肃雍楼，檐牙相啄，高低绵亘，皆教职员住宅也。折而西曰交巷山，即温楼矗立其上，楼巅大书"民国十年四月六日厦门大学假此开幕"，盖校主手笔，厦门大学之发祥地也。逶迤复西，明良允恭崇俭各楼在焉。中学水产商业三校之教室宿舍，就各楼而分配之，辄有变易。至如手工室、储藏室、电灯厂、贩卖所以及操场球场、盥所浴室、食堂庖厨，应有尽有，实更仆而不能数也。

农林校舍，建于天马山麓之侯厝社，教室宿舍之所在曰务本楼，其未竣工者曰敦业楼，停顿多年，迄今犹未续建也。又特辟农场，畜厩鸡埘，先后告成，且依据场务计划，分全场为七区，对于各项农作物及龙眼枇杷桃李桔柚香蕉等之实验，尤兢兢致意也。

本校建筑，校舍而外，兼及园圃，已略言之矣。尚有可记者，一曰桥堤，如沿海岸之通津堤，及泮池前之大石桥。二曰码头，龙王宫码头，盖糜款巨万，经年而后成者也。三曰船舶，集美第一号实习船，第二号拖网渔轮，第三第四号电船，及祖逖号郑和号诸端艇，皆或购自英法诸国或自备工料而督造之。四曰道路，村中四通八达之康庄大道，及天马山之阶磴，皆由校雇工辟之。至于沟渠涧圊（注：厕所），所耗不赀，亦不仅中人十家之产也。校舍建筑，原有整个计划，有中途停工，犹未完成者；有地址已定，尚未兴工者；他日校费宽裕，经之营之，不日成之，是以为左券焉可。

锲而不舍 再展宏图——校舍建设的"繁荣时期"

Achieve Robust Development With Perseverance
A New Era in Dormitory Construction

新中国成立后，陈嘉庚回到集美定居，在党和人民政府的关怀和支持下
着手筹划修复、扩大集美学校和厦门大学

陈嘉庚在厦门大学建南楼、芙蓉楼、丰庭楼建设工地

从 1950 年至 1961 年，陈嘉庚主持集美学村建设，除修复被战争毁坏的校舍外，还进行大规模的建设，扩建校舍面积达 16 万平方米，相当于新中国成立前校舍面积4.5万平方米的三倍多。建设费用计达 1025 万元，包括新建校舍 400 万元，修理校舍及民房（包括风灾损失）150 万元，公共机关建设费 140 万元（包括大礼堂、医院、电厂、自来水、科学馆、图书馆、体育馆、游泳池及道路等），龙舟池（养殖池）（包括亭阁等）30 万元，海潮发电厂 90 万元，解放纪念碑 60 万元，命世亭 15 万元，等等。经费来源，其中政府拨给 706 万元，陈嘉庚筹措 575 万元，建设所余仍归集美学校委员会管理。曾经是福建省最高的大楼"南薰楼"（高 74 米）、最长的大楼"道南楼"（长 174 米）以及克让楼、海通楼、尚忠楼东部、新诵诗楼、科学馆教室、图书馆（新馆，工字型）、福东楼、黎明楼、南侨群楼（第一至第十六）、航海俱乐部大楼、体育馆、福南大礼堂等都是这一时期兴建的。鳌园也是在这一时期建设的。

与此同时，陈嘉庚对已改为国立的厦门大学也倍加关心，秉持办学初衷，筹措资金恢复和扩建厦大。从 1951 年到 1954 年，由他筹款监督主要由其女婿李光前捐巨资建成的校舍 24 幢，计 6 万多平方米。这些校舍包括建南大会堂、图书馆（成智楼）、生物馆（成义楼）、物理馆（南安楼）、化学馆（南光楼）、教师宿舍（国光一、二、三）、男女生宿舍（芙蓉一、二、三，丰庭一、二、三）、医院（成伟楼）、游泳池、运动场、学生餐厅等。

他每天不辞劳苦，持杖步行数里，巡视各处工地。每周坐班轮到厦大工地视察一次，每次三小时以上。他在北京治病期间，还通过书信、电话等指导工程的进行。

陈嘉庚在集美华侨补习学校校舍建设工地（1954 年年底）

二十世纪五十年代集美学校校舍建设概况

序号	名称	建筑概况	备注
1	克让楼	位于崇俭楼西南侧。1952 年落成，共 3 层 39 间，面积 1749 平方米，与 1921 年建成的即温楼、明良楼，1923 年建成的允恭楼，1926 年建成的崇俭楼大致呈一字形排列，各楼以楼名第二字顺序组合连成儒家所倡导的伦理道德"温、良、恭、俭、让"，表现出建楼者对中华民族传统文化的尊崇，亦说明克让楼乃五座楼的殿后之作	现为航海学院宿舍楼
2	延平游泳池	1952 年，陈嘉庚亲自主持延平楼重建工程，并将楼前的海边滩涂改造成延平游泳池。游泳池北侧 3 层 24 级石砌看台原为延平楼前荆棘丛生的山坡坟地	延平游泳池
3	延平礼堂	位于延平楼底层后侧正中，1953 年 3 月落成，面积 269 平方米，为重建延平楼时加建。1959 年 8 月 23 日在强台风中倒塌，1960 年重修并加高一层，改斜屋面为平屋面	2002 年延平楼修缮时拆除
4	东岑楼 西岑楼	又名岑楼东座、岑楼西座、教员厝。东岑楼位于集美学校植物园北侧，其西侧为西岑楼，均是 1953 年建成的教职员住宅楼。两楼位置并排，对称布置，平立面相同，建筑面积各 2346 平方米，均为 2 层 40 户（套）	
5	福南大会堂	位于允恭楼东南面操场外，是集美学校集会、演出的重要场所。1954 年 10 月落成，面积 3490 平方米，可容观众 4000 余人。由陈嘉庚亲自主持兴建，屋顶设计跨度 24 米，中间没有柱子，采用木架作横梁，堪称一奇	2002 年翻建，于 2003 年 10 月竣工
6	图书馆新馆（工字型图书馆）	位于科学馆西侧，1954 年 10 月落成，是陈嘉庚亲自选址督建的双座双层、中部连接，外观呈"工"字型的建筑物，面积 1644 平方米	2017 年修缮后改为美术学院展馆
7	尚忠楼东部	1954 年 9 月落成。3 层（局部 4 层）23 间，建成后尚忠楼合计 42 间	现为财经学院学生宿舍
8	新诵诗楼	1955 年 9 月落成，4 层 35 间	现为财经学院学生宿舍
9	集美学校西门、北门	建于 1955 年前后，西门位于今航海学院西北角落的围墙下，面向岑西路；北门位于尚忠楼群南侧	
10	南侨建筑群	南侨建筑群位于集美龙舟池西面以北，系陈嘉庚受中侨委委托于 1953—1959 年主持兴建。主建筑群共 4 排 16 座，命名为南侨第一至南侨十六。楼体坐北朝南，顺池畔坡地而筑，由低至高。首排平屋，末排 4 层，逐排加层拔高。南北楼距 16 至 18 米，东西楼距 4 至 8 米，中间教室，两旁宿舍。道路纵横其间，横向 4 条，纵向 5 条，路中铺白石，两侧铺红砖，镶以白石边。纵向居中主干道宽度 8 米。环境幽雅，楼宇壮观，美轮美奂	原为集美归国华侨学生补习学校校舍，现为华侨大学华文学院校舍
11	集美华侨补校牌楼门和"天南"门楼	位于今华文学院运动场北侧正中，面向龙舟池，1959 年竣工。牌楼门为四柱三进，覆以琉璃瓦飞檐屋顶。南面正门门楣上镌有"集美华侨补校"六个白底红色大字 "天南"门楼位于集美龙舟池西北侧的石鼓路起点处，1953 年落成，砖石木结构，建筑面积 119 平方米。中部上下两层，各有一门，上层门楣书有"天南"二字，下层门楣书有"集美侨校"四字，两侧为厢房，高一层半	

序号	名称	建筑概况	备注
12	集美体育馆	位于科学馆东侧，始建于 1953 年 9 月，1955 年年初落成。馆舍高 3 至 4 层，土木结构，可容 3000 名观众。1959 年 8 月 23 日在强台风中倒塌。1963 年 2 月，集美学校委员会斥资在原址重建，改成 2 至 4 层，混合结构，面积 4535 平方米。1987 年 12 月又斥资 92 万元整修场地，更新设备，使之面貌一新	
13	科学馆教室	又称科学馆南楼位于科学馆南侧，共 3 层 15 间，建筑面积 1284 平方米，1956 年 1 月落成	2017 年修缮后改为美术学院办公楼
14	黎明楼	位于南薰楼西北侧，共 74 间，约 3000 平方米，1957 年 6 月落成。楼体依山坡地势而建，东边 4 层，西边 5 层，中段 6 层	现为集美中学教学楼
15	福东楼	位于福南大会堂东南角，共 4 层，1957 年年底落成。1950 年代末水产、航海分设后为水校校舍，1972 年后为厦门水产学院校舍	现为机械与能源工程学院校舍
16	跃进楼	原名福东宿舍，位于福东楼北侧，共 4 层 96 间，1958 年落成	现已拆除
17	海通楼	位于集美学村大门的东北侧（航海学院内），层高为西边 6 层东边 5 层，建筑面积 5197 平方米，1958 年建至二层（西边三层）后停工，1959 年"八二三"风灾后投入使用，后由交通部拨款续建至四层（西边五层），1976 年顶层中部加盖"模拟驾驶台"。1987 年又在"模拟驾驶台"两侧加盖，作为航海仪器实验室	现为航海学院教学楼
18	航海俱乐部大楼	位于今集美大学体育学院内，1961 年年底完工，系陈嘉庚受福建省体委委托主持兴建。同时还建有游泳池和 10 米跳台以及码头、宿舍等，陈嘉庚资助工程款 6 万元	现为体育学院办公楼
19	南薰楼	1959 年落成，为当时福建省最高大楼，由陈嘉庚亲自主持兴建。主楼高 15 层 54 米，楼顶为一座四角亭。两翼护楼高 7 层，形似鸟翼，翼端平台分别建有一座双层八角亭，与顶部四角亭遥相呼应，呈"山"字形架构，整座楼宛如战机凌空欲起，威武挺拔。立面以白色细纹花岗岩和红砖构建，绿瓦飞檐，装饰考究，融合了中西建筑的特色和优点，被誉为集美学村标志性建筑之一	现为集美中学教学楼
20	道南楼	1959 年动工兴建，1963 年春落成。全长 174 米，分九段一字排列，即由四座红瓦屋盖、红砖立面、形式相同的 5 层教学楼，连接着绿色琉璃瓦屋盖、白石立面的中央宫殿式 7 层办公楼、中段 6 层梯楼和两端 6 层角楼。所有墙柱、角柱、廊柱、线条均由绿色青石、白色花岗岩和红色釉面砖叠砌的方形、菱形、圆形平面图案及立体雕刻装饰而成，走廊外墙用优质釉面砖拼饰组成各种精巧美丽的图案，充分展示嘉庚建筑的细节之美。加上清一色的天蓝门窗，色彩调和，风格新颖，雄伟绮丽，被誉为嘉庚建筑的代表作，是陈嘉庚建筑思想、建筑风格的最高表现	现为集美中学教学楼
21	道南宿舍（团结楼）	道南宿舍又名团结楼，原址在道南楼北侧约 40 米处，1962 年落成。楼长 100 米，高 4 层，共 115 间。木石混砖结构，红瓦屋顶，南面圆形外廊，白灰砂浆黄色墙面，条石围墙。1964 年前后分别为集美财经、中学宿舍楼	1998 年拆除，改建集美中学科技楼

克让楼（1952年）

游泳池（1952年）

延平礼堂（1953年）

东岑楼（1953年）

西岑楼北面（1953年）

福南大会堂（1954年）

图书馆新馆（工字型图书馆）（1954年）

尚忠楼东部（1954年）

二十世纪五十年代校舍建设概览

陈嘉庚一生倾资兴学耗资最巨者莫过于在集美学校和厦门大学兴建规模宏大的校舍

新诵诗楼（1955年）

集美学校西门（1955年）

南侨建筑群（1953-1959年）

集美华侨补校牌楼门（1959年）

集美体育馆（1953年）

科学馆教室（1953年）

黎明楼（1957年）

福东楼（1957年）

跃进楼（1958年）　　　　海通楼（1958年）　　　　航海俱乐部大楼（1959年）

道南楼（1959年）　　　　　　　　龙舟池（1950年）

南薰楼（1959年）　　道南宿舍（团结楼）（1962年）　　　　建南楼群（1956年）

丰庭第一楼（1951年）

鳌园　　　　　　国光楼群　　　　　芙蓉楼群

中西合璧 源远流长——嘉庚建筑的独特风格

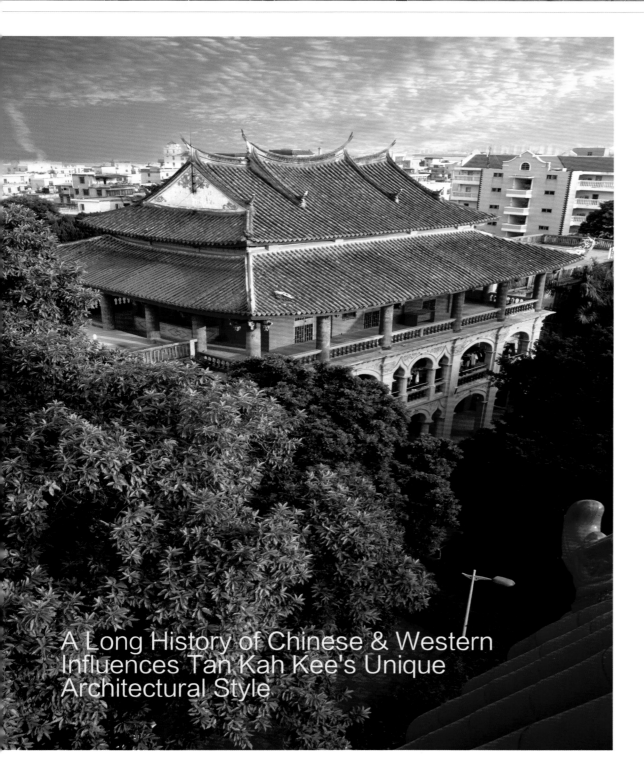

A Long History of Chinese & Western Influences Tan Kah Kee's Unique Architectural Style

陈嘉庚不是专业的建筑师，但是他设计建造的建筑物美观、大方、坚固、经济，具有浓郁的民族和地方特色，彰显独特的个性风格，成为厦门城市建筑风格、城市文化不可或缺的一部分。

嘉庚建筑体现中西建筑文化的融合，具有独特的建筑形态和空间特征。其建筑使用闽南式屋顶、西洋式屋身，使用南洋建筑的拼花、细作、线脚等；其空间结构注重与环境的协调；选材用工遵从"凡本地可取之物料，宜尽先取本地生产之物为至要"的原则。陈嘉庚深受中华传统文化和多年南洋侨居生活的影响，既注重中西交融又突出地方特色。

嘉庚建筑大都"依山傍海，就势而筑"，有的利用原有的地形地貌加以改造，有的配以楼台亭阁点缀自然景观，有的将雕刻、绘画、园林艺术融入其间，较好地处理建筑与环境的关系，使人工美和自然美、整体美与局部美交相辉映，和谐统一。在细部的处理上，充分利用闽南地区盛产各色花岗岩和釉面红砖的优势，充分发挥闽南能工巧匠的创造性，以镶嵌、叠砌的高超技艺，在柱头梁底、门楣窗楣、墙面转角、外廊立柱上拼饰图案，配搭色彩，凸显了校舍建筑的整体美感，展示了细节之美。为了适应闽南地区气候湿热的特点，嘉庚建筑不仅窗大门阔，明亮通风，各楼的南面甚至南北两面均辟有雨盖走廊，可以遮风挡雨，避免日晒。大多数建筑物周围都留有足够的运动空间，形成所谓"有楼就有场"的结构布局，这种建筑设计更加适合师生学习运动和居住生活。

嘉庚建筑还大量运用白色花岗岩、釉面红砖、橙色大瓦片和海蛎壳沙浆等闽南特有建筑材料，创造性地改良仰合平板瓦为"嘉庚瓦"，革新双曲燕尾脊为三曲、六曲燕尾脊，总结优化传统的彩色出砖入石建筑技艺，尝试融合西洋式、南洋式、中国式、闽南式多元建筑风格，体现陈嘉庚善于博采众长，敢于突破传统，勇于创新求变的可贵精神和高瞻远瞩的发展观。

陈嘉庚曾说，他苦心经营家乡建设是要把集美学村建成一座花园，"凡有诚意公益者，必先由近而及远"，"我前后曾游历二十余省，所见各处名胜市镇山川，少有如本乡之雅妙，兹又加建厦集两海堤，如锦上添花，我家乡有此美好之山水，又属文化区域，故我对各校舍不得不加以注意，并希望此后四五年，每年费二三十万元，整修全校界内如花园"。

在兴建校舍期间，无论规划、设计，还是备料、施工，或是经费开支、工人生活等，陈嘉庚都亲自过问。他有独到的建筑理念和丰富的建筑实践，在他的著作、演讲和书信中，有许多关于校舍建设的真知灼见，涵盖校园规划、土地征用、空间布局、校舍功能、设计施工、建筑材料、经费安排、时间选择、关系协调等方方面面，许多观点在今天仍然具有现实意义。

前人栽树，后人乘凉。集美大学是在陈嘉庚1918年创办的集美师范和1920年创办的水产科、商科的基础上发展起来的，从一定意义上说，嘉庚建筑是为创办这些学校而兴建的，也可以说，集美大学是在嘉庚建筑里发展壮大起来的。百年历程，沧海桑田，有的校舍走进历史，有的校舍几经调整，目前由集美大学管理使用的嘉庚建筑有允恭楼群（包括即温楼、允恭楼、崇俭楼、克让楼）、尚忠楼群（包括尚忠楼、敦书楼、诵诗楼）和科学馆等八幢全国重点文物保护单位和明良楼、诚毅楼、海通楼、福东楼、科学馆教室、图书馆（工字型）、航海俱乐部以及军乐亭等，共享由集美学校委员会管理的公共设施资源。

归去来兮 风范长存——《归来堂记》与"介眉亭风波"

Returning Home With His Legacy Lasting Forever
"The Story of Guilaitang" and "Jiemeiting Crisis"

陈嘉庚一生倾资兴学，兴建了许多校舍，然而，早在 1950 年就计划建一座"归来堂"的想法，迟迟未能实现，直至他逝世后，才在周恩来总理的直接关心下动工兴建，于 1962 年 8 月落成。

陈嘉庚一生倾资兴学，兴建了许多校舍，然而，早在 1950 年就计划建一座"归来堂"的想法迟迟未能实现，直至他逝世后，才在周恩来总理的直接关心下动工兴建，于 1962 年 8 月落成。1957 年 10 月 4 日，陈嘉庚复信给其弟媳王碧莲，谈到他早先打算建一座小祠堂，定名为"归来堂"，好让"子孙回乡时有个寄宿之所，兼祭祀祖先"，只是因为集美学村建设计划未完成，"不能先私后公"而已。

1960 年 9 月，陈培锟（晚清进士、翰林院编修、曾任厦门道尹等）应陈嘉庚之托，写下《归来堂记》：

宗兄嘉庚，予四十年前交也，生于集美，少随其尊甫经商新加坡，继承父业而光大之，今与予俱年逾八十矣。宗兄有志济世，以橡胶航运起家。于国家建设乡里教育事业，不惜瘁其心力以赴。早岁旅外；中年尽室南渡，舍宅为校；晚勤国事，身居校舍，席不暇暖。拟别建归来堂，以承先祀，定栖止焉。贻书告予，嘱为之记。予心私淑久矣，识其平生行义，与

孟子所云"分人以财谓之惠，教人以善谓之忠，为天下得人者谓之仁"实相符合。题其堂曰归来，非求隐也。隐者，独善其身，宗兄无取于是。盖其志在事业，而不务名利；功在教育，而不恤身家。辛亥革命，闽省光复，募款数十万元，协助救济。抗日军兴，组织八十余埠华侨，筹赈助战，此所谓分财之惠也。兴学集美四十余年，由小学而中等专科各校，解放初期，树胶获利，复罄其所得，扩建校舍，至于近日生数盈万，有助于地方文化之提高，此所谓教人之忠也。1918 年欧战告终，筹办厦门大学，时予守尹鹭江，曾共商榷以赞成之，宗兄自是殚精缔造，历十六年捐资四百万金，1937 年以独力难支，始归国立。解放后，犹为募款扩建，其造就宏才，不愧为闽省最高学府，此所谓天下得人之仁也。夫捐资树德，不忘其本，宗兄仁惠忠诚，凤负侨望。老归祖国，任重而愿小休，致远而思返本，此斯堂之所由建欤，然宗兄之意，尚不在乎为自身娱老及子孙居室计也。宗兄一家数十口，侨寓数十年，以言娱老，则骨肉犹隔重洋；以遗

子孙，则堂奥难容生聚；故斯堂规模，来书仅谓若小宗祠然，盖着重于承先启后，而示以海外后人，惟父母之邦当数典勿忘耳。予于集美，既爱其景因人胜，地以人名，而于建堂之义，复嘉其敦本贻谋，名实相称，信有可传者在。用记概要，以告后人知世守云。

还有几件小事，也反映了陈嘉庚的处世准则和高风亮节。

1923 年 8 月 1 日，陈嘉庚在给陈延庭的信中谈到要遣三子博爱到厦门大学读书，要求"其寄宿住房，可依他生同样，不必另有优待，唯得南向之房较好于北向耳……至各房应住几名，可依例以昭大公为荷"。

1924 年 8 月，陈嘉庚获悉集美学校师生拟自发捐款建一座亭子（介眉亭）为他祝寿，"闻之殊深诧异"，坚决不接受，要求叶渊校长"取消建介眉亭，捐款发回"。

1924 年 4 月 1 日，陈嘉庚在给陈延庭的信中强调："厦大他人捐巨款，应该留纪念，若弟者万万不可。"

1949 年 4 月，陈嘉庚在回国之前，谈及校舍修复与重建住宅的问题，他说："余自创办厦大后，社会顾爱诸君，有奖余为毁家兴学者，其时余颇腹非其言。因余尚有许多资产，不图今日竟成事实。余住宅被日寇焚炸，仅存颓垣残壁而已。集美校舍被炮击轰炸，损失惨重。复员于今三年余，费款于集美学校共三十余万，修理与学费各半。至倒塌数座校舍尚乏力重建。若重建住宅，所需不过二万余元，虽可办到，第念校舍未复，若先建住宅，难免违背先忧后乐之训耳。"回国定居后，他临时居住在诚毅楼（原校董住宅）二楼一隅，一直到 1958 年。

嘉庚建筑记录下陈嘉庚创办集美学校和厦门大学的艰辛历程，向后人展示着陈嘉庚崇高的人格风范。

军乐亭

《归来堂记》（1960年9月）

集美大学的嘉庚建筑有着中西合璧的独特风貌和深刻丰富的文化内涵

「百年集大·嘉庚建筑」是一本凝聚着情怀的历史相册

也是一部融汇了百年历史沧桑和传承发展的故事书

巍巍黉序　蔚为国光

THE TOWERING CAMPUS
SYMBOL OF NATIONAL GLORY

闽海之滨有我集美乡，山明兮水秀，胜地冠南疆
80 年前，包树棠先生在《集美学校记》一文中写道："集美旧曰浔尾，同安县西南隅之半岛也，距城四十里
浔江岑江左右来汇入海，与厦门之高崎，一衣带水隔耳。天马峙其北，中原地势，至此平旷尽矣
陈嘉庚先生兴学于此，广筑学舍，生徒来自四方，岁多至二三千众，中外士夫行旅者往往慕其名而至焉
……夫先生昆仲浮海致产千万金，独知先王建国君民，莫先于学，斥其赀，老而弗辍，此墨翟摩顶放踵之志也
杜子美曰，安得广厦千万间，大庇天下寒士俱欢颜，吾于先生见之"
陈嘉庚矢志兴学，历数十年建设校园，巍巍黉序，蔚为国光，数十幢校舍美轮美奂
既有建筑本身的应用功能和艺术魅力，又有深厚的历史文化积淀
斗转星移，风雨沧桑，嘉庚建筑的经典之作尚忠楼群、允恭楼群和科学馆进入"全国重点文物保护单位"名录，成为国之瑰宝

新中国成立后，陈嘉庚回国定居集美，暂居诚毅楼，在党和人民政府的关怀和支持下
着手筹划修复、扩大集美学校，精心谋划集美学村的宏伟蓝图，多方筹措校舍建设经费
为开创集美学校的新局面而呕心沥血、鞠躬尽瘁

国之瑰宝 美轮美奂——尚忠楼群 允恭楼群 科学馆园区

The Jewel of a Nation, Lofty and Magnificent: The Shangzhong Building Complex, Yungong Building Complex and The Science Park

尚忠楼群	尚忠楼 敦书楼 诵诗楼

　　尚忠楼群坐落于原集美社北隅二房山，现集美大学财经学院内，楼群包括尚忠楼、诵诗楼和敦书楼。尚忠楼居中，敦书楼和诵诗楼分立东西两侧，呈半合围式。尚忠楼群古朴典雅，是嘉庚建筑的精品之作，突出体现嘉庚建筑的基本特征。

　　尚忠楼群建成时为集美学校女子师范部及女子小学的校舍，抗战复员后校舍进行修缮，作为集美中学校舍。1965 年 1 月，集美学校校舍进行大调整，财经学校入驻尚忠楼群，

自此尚忠楼群成为财经教育的大本营，集办公、教室、宿舍于其中。随着办学规模的扩大和办学层次的提升，二十世纪七十年代末到八十年代初新建亲民楼、文学楼等教学办公大楼及系列配套设施，尚忠楼群则主要作为财经学校（今集美大学财经学院）学生宿舍，是培养"财经人才的摇篮"。

尚忠楼群

允恭楼群　　即温楼　明良楼　允恭楼　崇俭楼　克让楼

　　坐落于嘉庚路一号（现航海学院内）的允恭楼群，由五幢经典嘉庚建筑组成，沿山势呈"一"字形排列，自东北到西南依次为即温楼、明良楼、允恭楼、崇俭楼、克让楼，各楼名的第二个字连成"温良恭俭让"，语出《论语·学而》："子禽问于子贡曰：'夫子至于是邦也，必闻其政，求之欤，抑与之欤？'子贡曰：'夫子温良恭俭让以得之。夫子之求之也，其诸异乎人之求之与？'"从温良恭俭让中取字组词，借以希望学生具备温和、善良、恭敬、俭朴、谦让这五种美德，楼群命名充分体现中华民族优秀传统文化的传承，可谓用心良苦，

寓意深远。明良楼因重修之故，排序在后。

　　允恭楼群原为集美学校中学部、水产航海、商科校舍，1958 年后，主要作为航海学校（今集美大学航海学院）校舍。可以说，允恭楼群是"航海家的摇篮"，见证了集美大学航海教育近百年的发展历程，这里寄托着校主陈嘉庚"开拓海洋，挽回海权""造就渔业航业中坚人才，以此内利民生，外振国权"的爱国心、报国志。

允恭楼群

科学馆园区　　科学馆　图书馆新馆　军乐亭　科学馆南楼

　　科学馆园区坐落于集美学校的中心地带，原集美社西南角旗杆山坡地，园区用地长 150 米，宽 116 米。包含科学馆、科学馆教室（也称科学馆南楼）、图书馆、军乐亭等。

科学馆园区

早期诵诗楼、文学楼和敦书楼

尚 忠楼
Shangzhong Building

尚忠楼平面呈前廊式布局，建筑外墙以红色清水砖为主，花岗岩作装饰镶砌，内部为砖木结构。屋顶为西式双坡顶，外廊部为平顶，屋面铺红色机平瓦。门楼、山花、拱券、栏杆及窗套装为西式装饰。

尚忠楼是尚忠楼群的主楼，建成于 1921 年 2 月，砖木结构，坐北朝南，3 层 22 间，造价 36000 元。抗战期间，尚忠楼受日寇飞机轰炸，"倒屋三间"，1946年修复后。1949 年 10 月 15 日被蒋军炮击损坏，1951年再次修复。1954 年 9 月扩建尚忠楼，在其东侧接盖4 层楼为中心，然后镜像 1921 年的原尺度和造型延伸建筑，扩建落成后合计 42 间。现为集美大学财经学院学生宿舍。

Century-Old Jimei University Tan Kah Kee Architecture

尚忠楼群自左至右：敦书楼、尚忠楼、新诵诗楼（1955 年）

尚忠楼

尚忠楼群背景（1978 年）

这里曾改变无数女子一生的命运

对长期受封建思想禁锢的集美社的乡亲来说，女子上学是一件稀奇并且令人难以接受的事情。

1916 年 10 月，陈嘉庚委派胞弟陈敬贤回家乡筹办师范与中学，同时计划创办福建省第一所女子小学。对长期受封建思想禁锢的集美社的乡亲来说，女子上学是一件稀奇并且令人难以接受的事情。

民国初年，男尊女卑及"女子无才便是德"的观念在社会上仍有广泛影响。那时，集美社的女孩子没有上学的机会，还要帮助家里做家务，带弟妹。为了改变这种状况，让女孩子也享有受教育的权利，陈敬贤携夫人王碧莲深入各家各户，苦口婆心地做动员工作，有时为了让一个女孩子上学，要说服三代人。为了鼓励女孩子上学，陈嘉庚决定给每个女孩每月补助两元，结果招收了 65 名女学生。1917 年 2 月，集美女子小学正式开学，校舍暂借"向西书房"，校长由男小校长兼任，聘请女教师四位。"女禁"既开，风气渐成，影响深远，集美社和邻近乡村的许多家长纷纷主动送女孩入学，学生数量日增。

为了进一步打破重男轻女的封建思想束缚，大力提倡女子上学，陈嘉庚决定在集美学校设立女子师范部，招收女子师范讲习科和预科，首期 100 名学生。

1921 年 2 月，集美学校女子师范开学，辖女子小学，女子教育与男子教育率先在集美学校得到同步发展。

1921 年 2 月尚忠楼落成后，作为女子师范部、女子小学的校舍。1925 年 8 月敦书楼落成后，部分作为附属女子小学教室，现在尚忠楼的背面上方仍可见"女子师范"四字组成的图案。女子入学，不仅是获取她们原来没有机会学习的知识，更是思想的解放，是自我意识的觉醒，推动了社会进步。集美社一女学生曾在小学毕业时自述入读集美女子小学的经过时说："我只要的，就是向光明路上前进，望将来出来服务社会，想把黑暗社会，改造改造。我相信我们，是这村女子改革的先锋。"可以说，创办女子小学、女子师范，为妇女解放和女性运动开了先河，也改变了无数女子一生的命运。

现在尚忠楼的背面上方仍可见"女子师范"四字组成的图案

"尚忠"楼名出自《论语》。《论语·里仁》曰："夫子之道，忠恕而已也。""尚"即尊崇，"忠"是尽心、负责、服从的意思。"尚忠"既是中国优秀传统文化倡导的基本道德规范，也体现陈嘉庚兴学育人的价值目标以及对莘莘学子做人做事的殷切期望。

1927 年，女子师范师生在敦书楼、文学楼前做操

敦书楼

敦 书楼
Dunshu Building

由原诵诗楼、文学楼、敦书楼组成。原诵诗楼紧挨尚忠楼西南侧，与尚忠楼同期建成，坐西朝东，单列外廊式，砖木结构，简洁平瓦双坡顶，外廊构造形式与尚忠楼相似。2层10间，耗资14000元。与尚忠楼成倒L形分布，建成后与尚忠楼同为集美学校女子师范部校舍。1925年8月在原诵诗楼南侧建成文学楼和敦书楼，文学楼3层5间，耗资4000元。敦书楼3层12间，耗资28000元。

抗战时期，原诵诗楼、文学楼、敦书楼遭日机轰炸受损，1946年5月修葺竣工。1955年，原诵诗楼、文学楼、敦书楼改造后连成一体，以"敦书楼"命名，"诵诗楼"楼名给了对面新建成的东楼。现敦书楼坐西朝东，中部门楼及南翼3层，北翼为2层，砖木结构。平面呈前廊式布局，南北两翼为拱券廊，门楼一、二层为圆拱和尖拱相结合的西式券廊，三层为中式传统柱廊。门楼屋顶为双翘脊重檐歇山顶，脊尾呈燕尾式，屋面铺绿色玻璃瓦。两翼屋顶为双坡顶，外廊为平顶，屋面铺红色机平瓦。门楼屋檐及山墙装饰闽南传统的木雕垂花及灰雕泥塑，柱头、拱券及栏杆则为西式装饰。

Century-Old Jimei University Tan Kah Kee Architecture

敦书楼（原文学楼）背景

巍巍黉序 蔚为国光 The Towering Campus Symbol of National Glory
敦书楼 DUNSHU BUILDING

财经学子心中的"天安门"

历史的沉淀和青春的追求在此处交织
激励着一代代财经学子走向梦想的彼岸

"敦书"楼名出自《左传》。《左传·僖公二十七年》:"说礼乐而敦《诗》《书》。""敦"是厚重、致力于某事,取得扎实的成绩的意思;楼名"敦书",强调个人文化修养在社会活动中的重要作用。

尚忠楼群三座楼成半合围状态,师生们口头上称为"东楼、中楼、西楼"。西楼即敦书楼,财经学子称之为"小天安门"。乍一看,此楼特别长,沿着楼一层的走廊从南向北走,需要爬好几次阶梯。原来,西楼由 1921 年建成的原诵诗楼,1925 年建成的文学楼、敦书楼三楼联合而成,由北到南依山势而建。敦书楼的中间部分即原来的文学楼,是一座三层大间建筑,闽南传统民居的"三川脊"主次分明,正脊为燕尾脊,四对垂脊牌头亦为燕尾造型,四条戗脊尾端施以灰雕彩绘卷草,屋面铺设绿琉璃筒瓦。三楼回廊梁架的木作,斗拱与狮座、束木与通随、雀替与垂筒,雕刻饰色,丰富而多彩,是集美学校至今保存最好的早期中西合璧风格建筑。建成之初,下为办公室,中为公会厅,上则为女子师范部图书馆。学生们于课暇绕廊南望浔江,北瞩天马三峰,东睹金门,西见学村错落有致的校舍,在高岗翠岭间吸取精华精致,养就泰然心境。

如今,这里依旧是学子们汲取养分,荡涤心灵的重要场所,一楼是财经学院学子荣誉厅,二楼是优秀校友创业事迹厅,三楼是嘉庚财经教育历史展览室,两侧平台是青年学子们早起晨读、晚间社团活动和集体活动的好去处,历史的沉淀和青春的追求在此处交织,激励着一代代财经学子走向梦想的彼岸。

敦书楼(2012年)

二十世纪五十年代的敦书楼、文学楼、诵诗楼和尚忠楼

新诵诗楼与尚忠楼（1955年）

新诵诗楼

诵诗楼 SONGSHI BUILDING

诵 诗楼
Songshi Building

1955 年 9 月，在尚忠楼东南侧新建东楼，坐东向西，3 层（最南边四开间因地势较低建为 4 层）35 间。东楼建成后以"诵诗楼"命名之，至此尚忠楼群成型。同一时期，尚忠楼南面还建有一座校门，成为集美学校北门，上有"和气致祥"四字。

诵诗楼建筑形式延续尚忠楼，外廊红砖半圆券拱方砖柱，嵌券心石，二三层花岗岩条石搭绿釉瓶栏杆，红色机平瓦双坡顶。建筑面宽 93.9 米、进深 11.9 米、高 15 米，建筑面积 2761 平方米，为财经学院学生宿舍楼。

Century-Old Jimei University Tan Kah Kee Architecture

和气致祥（学校北门）

培养商业人才，以谋民生问题之解决；注意南洋商业，以适应地方之需要；施行公民教育，以养成健全之国民。

"三育并重"的教育理念在这里演绎

在创办集美学校时，陈嘉庚提出以德智体"三育并重"为宗旨，强调对学生学习操行运动优秀者给予奖励。他极端反对学生"如机械一样"地"读死书"，一再强调，学校教育"不但教其识字而已，其他如知识、思想、能力、品格、实验、体育、园艺、音乐以及其他课外活动，均须注重，与正课相辅并行"。

陈嘉庚创办财经教育的三大宗旨：一是培养商业人才，以谋民生问题之解决；二是注意南洋商业，以适应地方之需要；三是施行公民教育，以养成健全之国民。学校遵循"三育并重"的理念，德育为先，重视学生的全面发展，培养学生健全身心。在德育方面，十分重视学生的操行，规定了学生的十大信条——忠诚、廉洁、信实、尊重、勇敢、谦恭、互助、友爱、节俭、快乐，制订的学生修养标准包括对己、对他人、对物、对事、对学问知识等 5 个方面共计 173 条。注意学生平时是否恪遵学生信条和修养标准。学科方面，不求高深，惟求切于实际；训练不取被动，处处启发学生活动之能力，尤加注意锻炼强健之身体，阐扬民族之精神，务期手脑并用，造成商业实用之人才，以任建设新国家之工作。学校管理规则严谨，注重对学生课外生活的安排和要求，要求学生"早五点半鸣钟当离床，六点赴操场列队早操，帐被要整理室，内要清洁，九点熄灯安睡不闲谈"等。对下午课后运动也专门制订了规则。随着时代的变迁，学校对学生的具体要求有所变化，但坚持培养学生综合素质，促进德智体全面发展的教育理念却是一脉相承的。如今尚忠楼群环抱的广场内，有篮球场、排球场、休憩小道，动静结合，张弛有道。

许多财经学子最深刻的记忆，是清早起床列队在尚忠楼前做早操，下午约上舍友、同学打球，还有每周一升旗时敦书楼（西楼）广播里传出的谆谆教诲……

"诵诗"楼名出自《论语》。据《论语·季氏》记载，孔子对伯鱼说"不学《诗》，无以言"。意思是，不学好《诗》说话就没有文采，缺乏感人的力量。

即温楼与明良楼

即 温楼
Jiwen Building

即温楼，位于交巷山，1921 年 4 月落成。建成之初为 3 层 39 间，砖木结构，造价 45000 元，是集美学校早期建筑中最豪华的校舍之一。建筑平面分为三段，中座三层四开间内廊式，两翼两层四开间外廊式，内外廊贯穿，中座前凸部分入门两侧辟为梯位。一二层半圆形券柱，三层由二小尖券夹一半圆券组合连列，柱头灰塑装饰。二三层廊道柱间设绿釉瓶护栏。中座前后檐上中间部位抬高为附楼，双坡顶与正脊取齐，两边加砌三角形山墙，两翼端头内退。第二开间檐上部亦同样抬高为附楼，造型与中座类似。硬山式屋顶的两侧山墙，无论是二层还是三层，多阶式设计，灰塑西洋图案装饰，气势高耸而又显赫。即温楼落成时暂借厦门大学办学，1922 年 2 月，厦门大学迁入厦门演武场新校舍后，即温楼划为"中学员生宿舍"，二十世纪五十年代划为航海学校校舍，现为集美大学航海学院教学楼。

Century-Old Jimei University Tan Kah Kee Architecture

厦门大学的发祥地

厦门大学开学时，即温楼"楼顶立牌，校主陈嘉庚手书'民国十年四月六日厦门大学假此开幕'为纪念"。

即温楼是允恭楼群中最早建成的建筑，位于允恭楼群最东侧，所处地势较低，楼层最少，显得个头最矮，却是当之无愧的"大哥"。1921 年 4 月 6 日，厦门大学在集美学校举行开学式。首先设立商学和师范两部，从上海、福州、厦门、新加坡等地招生，共录取新生 100 多人。因校舍尚未兴建，暂借集美学校的即温楼和一些辅助房屋作为临时校舍。社会各界代表、中外来宾及学生共 1000 多人参加开学典礼。美国著名教育学家杜威博士及其夫人也应邀参加，此举标志着"南方之强"厦门大学的诞生。

厦门大学开学时，即温楼"楼顶立牌，校主陈嘉庚手书'民国十年四月六日厦门大学假此开幕'为纪念"。即温楼，乃厦门大学之发祥地也。

命途多舛 曾唤作"黑楼"

即温楼命运多舛 虽充满传奇色彩，
也历经坎坎坷坷 可谓极不平凡。

现在看到的即温楼外墙为红砖，二十世纪五十年代末，它却是学子口中与明良楼（红楼）、允恭楼（白楼）相呼应的黑楼，据说当年它的外墙颜色偏黑。另据《集美周刊》记载，即温楼"亦曰北楼"。即温楼建成后，屡经天灾人祸，可谓"命途多舛"。1933 年 10 月，即即温楼"校舍风吹雨淋，颇有渗漏，甚或发生白蚁"，雇工匠大加修理。1936 年 2 月，即温楼因正面走廊柱基塌陷，墙壁倾裂状颇危险，"自上学期起已不敢复住人"，即招工修筑，"由土匠陈禁以九百二十元承包"，于 5 月修竣。1941 年 8 月 14 日，遭日本飞机轰炸中三弹，即温楼大部震坏。1949 年 11 月 11 日遭蒋军飞机轰炸中一弹，即温楼部分被毁。1952 年 4 月翻修即温楼。1959 年 8 月 23 日，"12 级台风及暴雨猛烈袭击集美"，即温楼倒塌重修，改为二层简坡顶，中部外廊则成平顶围栏。保存建筑面宽 62.4 米、进深 16.3 米、高 12.4 米，建筑面积 1791 平方米。

自二十世纪五十年代以降，即温楼先后作为集美航海学校、集美航海专科学校、集美航海学院、集美大学航海学院的校舍。它曾作为教室、宿舍、实验室使用，有一段时间还作为基础部的办公地。现主要作为教室使用。

2018 年，学校启动对即温楼的保护性修缮，使其"强身健骨"，重现风华。

"即温"楼名出自《论语》。在《论语·子张》中，子夏曰："君子有三变，望之俨然，即之也温，听其言也厉。"意思是君子的容貌，从外表看起来会有三种变化，远远望去，使人感到庄重，接近他时觉得和蔼，听他说话，又觉得他态度明确，是非分明。

集美高级水产航海学校十七组在崇俭楼前测天留影（1948年）

允 恭楼
Yungong Building

允恭楼，坐落于烟墩山最高处，为允恭楼群主楼。1923 年 8 月落成，3 层 44 间，造价 109880 元。西式机平瓦大坡顶，两侧山墙欧式装饰，前廊式结构，一二层为券柱式，三层为梁柱式，柱头灰塑精美，二三层设绿釉瓶护栏。两边间廊跨增置两根圆柱，一二层形成两小尖券夹一半圆券的设计。中央三开间，一至三楼外凸为半圆形门廊。陈嘉庚致叶渊函中曾提到，允恭楼"仿鼓浪屿林家之宅建一半圆形骑楼"。立六根罗马柱支撑为开敞式，二三层护以铁围栏，檐顶砌女儿墙。整座建筑外墙面施以白色，故有"白楼"之称。又因其正面与美国白宫南侧（靠南草坪一侧）有几分相似，人们也称之为"白宫"。

允恭楼建成后，由水产航海、商业学校使用。1929 年 6 月，学校重行编配校舍，原在瀹智楼的水产学校学生宿舍移至允恭楼第三层，第二层左边为教室，一层左边为标本室及各办公室。商业学校保留允恭楼一层右边之宿舍，其教室则自科学馆移至允恭楼第二层右边。

抗战时期，允恭楼"连中敌弹多枚"，1945 年 10 月 8 日修葺竣工。1959 年 8 月 23 日，遭受 12 级强台风袭击，三楼屋盖严重损毁，灾后修复。后又经多次加盖、修缮，现为集美大学航海学院行政办公楼。

Century-Old Jimei University Tan Kah Kee Architecture

"允恭"楼名出自《尚书·尧典》有："帝尧……允恭克让，光被四表，格于上下。"意思是帝尧能够诚信、谨慎、尽职尽责，礼让贤德，其光辉遍照四海之外，天地之间。……

允恭楼（1923 年）

允恭楼

允恭楼（1980 年）

白楼情结

白楼是航海人心中的"麦加"

白楼（允恭楼）位于航海学院校园的中心，是航海学院的地标。白楼成为航海人心中圣地的真正原因，是万千学子在这里塑造诚毅品格，把青春的记忆镌刻在这里，从这里走向世界，搏击风浪。白楼承载着校友们对校主和母校的无限感念和牵系，这里已然成为学子们的情感依归。

白楼是航海人心中的"麦加"，几乎每一个在航海校园里学习、工作、生活过的人，心里都装着一幢"白楼"，打开相册，总有这个角度、那个角度，单人的、小组的、集体的，这个时期、那个时期，白天的、夜晚的……以白楼作背景的照片，这是航海人的"第二张身份证"。

白楼一楼的门厅上立着校主陈嘉庚的铜像，那是 1990 年集美航海旅港校友为纪念陈嘉庚先生创办集美航海教育七十周年敬立的。每一个远航归来的航海学子回到白楼前，都会满怀着无比感恩的心情向校主鞠躬，感念校主和母校的栽培。白楼就如同一位深情的母亲，等待着诚毅之子远航归来。

重达两吨半的南极石

在白楼前的广场上，有一块已有五亿岁、重达两吨半的南极石。这是中国极地研究中心送给集美大学航海学院的礼物。2003 年 2 月，中国第十九次南极科学考察队将它从南极中山站拉斯曼丘陵采集下来，采集地点距集美 10965 公里。这块特殊的石头是南极变质岩，是中山站标志性的岩石，表面色泽看起来有些不均匀，但纹路清晰。南极石基座上镌刻的文字介绍了"雪龙"号船长袁绍宏等八位集美航海校友对我国极地科考事业所做出的贡献。2003 年以来，又有一批航海校友参加极地科考工作。

2014 年 11 月 18 日，习近平总书记访问澳大利亚时在塔斯马尼亚州霍巴特港登上"雪龙"号，看望正在这里接受补给的"雪龙"号全体科考人员，时任中国第三十一次南极科考队总领队袁绍宏、中国南极长城站站长徐宁、"雪龙"号船长赵炎平等九人是集美大学航海学院的校友。

袁绍宏校友曾说："我永远铭记校主陈嘉庚先生制定的'诚毅'校训，永远铭记母校老师'每一条船都是流动的国土，要爱这片国土，也要保护这片国土'的谆谆教诲，决心以优异的成绩报答母校的培育之恩，为极地考察事业做出贡献。我是从集美学村走向海洋的，我事业的起点在集美学村"。他还说"南极石象征着在'雪龙'号上工作过的集大校友热爱母校的心意坚如磐石"。这是一个坚定而充满深情的告白。

白楼加层记

白楼（允恭楼）历经了近百年沧桑，
在不同的时期，它的样子是有些不一样的。

白楼（允恭楼）历经近百年沧桑，在不同的时期，它的样子是有些不一样的。最初的时候，它只有三层。后来演变成中部四层，两侧三层。到二十世纪八十年代，又变成四层。由于建筑档案缺失，加层的时间有多种说法，莫衷一是。为

了解开谜团，我们查阅了不同时期白楼的老照片，请教多位老前辈，经他们回忆，1963 年在楼前立桅杆时白楼还是"原汁原味"的，"文革"前夕的照片中白楼中间就有了加层；集美学校五十周年校庆（1963 年）时在白楼前架起桅杆，之后不久，就在白楼中间加盖"驾驶台"，里面有雷达等设备；当时加层的目的是安装进口的马可尼雷达，屋顶上安装雷达天线，人可以上去观察。这些信息相互印证，可以判断白楼中间部分加层应该是在1964 年前后。

至于白楼两侧加层时间，有的资料记载是1983 年，但一张 1982 年 7 月拍摄的毕业生合影显示，当时靠崇俭楼一侧加层已经完工，靠明良楼一侧加层还在施工，脚手架还没有拆除。由此可以判断，白楼两侧加高为四层，并在两侧增筑楼梯的时间应该是在 1982 年。

2018 年，白楼迎来新一轮的"全国重点文物保护单位"保护性修缮。经征求多方意见，修缮方案确定拆除 1982 年加盖的四楼两侧部分，恢复坡顶，保留中间部分，呈现白楼最经典的样子。

允恭楼与明良楼（1923年）

允恭楼

风起处
总有弄潮儿乘风破浪

"乘风破浪",寄托着学校对所有航海人的美好祝愿。祝福所有航海人扬帆起航,乘长风破万里浪,一帆风顺。

到过白楼(允恭楼)的人,一般都会注意到四楼顶上有"乘风破浪"四个字。这四个字放在这里特别应景,寓意也很深刻,航海人都喜欢。但是,白楼中部加盖四楼时并无"乘风破浪"四字。据说,"文革"初期,那里曾经被红卫兵用油漆写上"东方红航海学校",大概是连"造反派"都觉得不妥,不久后就用"毛泽东思想万岁"取而代之。

1980 年 11 月,学校隆重举行"庆祝陈嘉庚先生创办集美航海专科学校六十周年"活动,方毅(时任中共中央政治局委员、国务院副总理)、廖承志(时任全国人大常委会副委员长)等赠送题词。方毅的题词是"为祖国海运事业而奋斗",廖承志的题词是"乘风破浪",当时廖承志还为学校题写了校名。据了解,"集美学村""陈嘉庚先生故居"也出自廖公之手。二十世纪八十年代初,学校把"乘风破浪"四个字用红色陶瓷片镶嵌在白楼四楼顶上。屈指算来,已经有三十多个年头了,我们现在见到的"乘风破浪"就是那个时期的杰作。

"乘风破浪",寄托着学校对所有航海人的美好祝愿。2015 年 11 月 2 日,集美大学 6.4 万载重吨的教学实习船"育德"轮在招商局中银码头举行首航仪式,学校向"育德"轮赠送礼物,那是一幅由原美术学院院长赵胜利教授专门创作的国画《航海家的摇篮》。以航海学院校园为主背景,突出白楼和"乘风破浪",寓意祝福所有航海人扬帆起航,乘长风破万里浪,一帆风顺!

站在白楼上眺望大海,头顶是"乘风破浪"的壮志豪情,眼前是 1963 年就已矗立在那里的桅杆。曾经无数的航海学子攀爬桅杆开展练习,练就出色航海者的基本技能,桅杆成为航海人的念想和记忆。左前方草坪上屹立着红色的航标——

"航海 1 号",每当夜幕降临,航标灯闪烁着光芒,"指引"着航行的方向。这是 2012 年 5 月上海海事局厦门航标处为祝贺国家海事局与集美大学联合培养助导航工程硕士研究生正式开班赠送给航海学院的。

百年沧桑,涛声依旧,情怀依旧,校主"内利民生,外振国权"的宏愿正由一代代航海人去实现。

崇 俭楼
Chongjian Building

崇俭楼是允恭楼群的老四，位于允恭楼西南侧，建成于1926年2月，是按照明良楼设计图纸再造的中西合璧建筑。以允恭楼为中心，两座楼分立左右，以廊道相连，坐落于烟墩山高冈上，气势雄伟，颇为壮观。

该楼坐西朝东，系双角楼式砖木结构楼房，3层36间，平面呈前廊式布局，门楼、角楼及三层长廊为拱券廊。屋顶为三翘脊硬山顶，脊尾呈燕尾式，屋面铺绿色玻璃瓦，角楼屋顶为平顶，红砖铺面。主体以红色清水砖墙承重，花岗岩作装饰镶砌。角楼以粉白色为主色调。角楼、门楼、柱式和栏杆等均作西式装饰。

崇俭楼原是商业学校（集美大学财经学院前身）的教职员及学生宿舍，楼前还曾经立有"集美高级商业职业学校"牌坊。二十世纪五十年代调整给水产航海学校使用。抗战时期，崇俭楼"饱受敌机轰炸，右端倒坍"，1946年11月21日修复。1949年2月，崇俭楼"因感屋盖椽桷，多已蛀蚀，危险堪虞，爰再重新拆卸，计替换旧椽桷四十支，新添椽桷六十支，二丈长桷枝五十支"，于寒假中完竣。近七十年来，崇俭楼又经多次修葺和改造，现用作航海学院学生宿舍。

Century-Old Jimei University Tan Kah Kee Architecture

本校的性质是省俭

勤俭办学是陈嘉庚贯彻一生的理念，也深刻影响着集美学校的师生。

1919年9月12日，集美学校举行"秋季始业式"，陈嘉庚在始业式上发表训词。他对学生们说："惟最希望者有三：一对于国家，当尽国民之责任，凡分所应尽者，务必有以报国家。二对于学校，学生品学之优劣，关于学校名誉甚重。诸生在校希勿稍忽功课，努力向前。在校既能尽学生之职务，出校则能尽国民之职务是也。三犹可以慰鄙人一片之苦心，愿诸生勉之，鄙人有厚望焉。"谈到集美学校的"性质"，他指出："本校性质如何？即省俭是也。中国今日贫困极矣，吾既为中国

崇俭楼（手绘）

崇俭楼

人，则种种举动应以节俭为本。"他谈到："且有一事，自开学至今不过一月，在鄙人耳所听目所见，诸生请假赴厦者，除例假外尚不胜数。究竟有何事故而仆仆如此？若购衣服鞋袜，何不于来时购备？况一次赴厦最少须费一元，无故而浪费，甚非求学者之所宜尔也。查请假生以中学部为多，大抵该部各生家资富厚，以浪掷金钱为无妨，不知本校性质与市镇学校不同……鄙人在新加坡时，地处繁华，每月除正当费用外不及二元，所以如此者，盖以个人少费一文，即为吾家储一文，亦即为吾国多储一文，积少成多，以之兴学，

此余之本意，亦即本校之性质也。"

对于校舍建设，他说到："更有言者，本校开办已有一年余，在校学生不过三百余人，现方从事建筑，旁观者询何时可以告成，在余之意，非至资竭不止。若学生逐年增加，则建筑亦逐年增加，苟非金尽无所谓告成也。诸生闻吾言，得无误会，鄙人在南洋金可从天降欤？抑有点金术欤？不知皆余劳苦所得，三十年来备尽艰苦，有难以笔墨形容者，非诸生所能知也。"

勤俭办学是陈嘉庚贯彻一生的理念，也深刻影响着集美学校的师生。

"崇俭"楼名意为"崇尚节俭"，节俭是中华美德的核心内容。"历览前贤国与家，成由勤俭败由奢"，《老子》第六十七章提出："我有三宝，持而保之。一曰慈，二曰俭，三曰不敢为天下先。慈故能勇。俭故能广。不敢为天下先，故能成器长。"《礼记·表记》指出，"恭近礼，俭近仁"。可见"俭"是成为道德高尚的人的基础。

克让楼（2004年）

克 让楼
Kerang Building

Century-Old Jimei University Tan Kah Kee Architecture

克让楼，位于崇俭楼西南侧，1952年建成，3层39间，面宽49.5米、进深12.2米、高14.6米，建筑面积1749平方米。这是陈嘉庚亲自主持兴建的校舍，也是允恭楼群的殿后之作。

克让楼平面呈前廊式布局，采用半圆形券柱式外廊，绿釉瓶护栏，东面设六角形过廊。外墙为砖石砌筑，内部原为砖木结构。双坡西式屋顶，屋面铺红色机平瓦。山墙、栏杆作西式装饰，角柱作"出砖入石"装饰。建成后为集美水产航海学校师生宿舍，现为学航海学院学生宿舍楼。

"克让"楼名出自《尚书·尧典》，
"克"是能够，"让"是谦让。

一幢迟来的建筑

克让楼虽然"迟到"，但它却是在校主的亲自主持设计下建设完成，
仍不失为经典大气的嘉庚建筑。

作为允恭楼群的组成部分之一，克让楼年方六旬，是最年轻的。不过，论其辈分，克让楼与即温、明良、允恭、崇俭诸楼平起平坐。据校史记载，1924年4月，叶渊校长组织人员为学校已建和未建的房子都取好名字，诸如立德立功立言、尚勇尚忠、居仁瀹智、敦书诵诗、葆真养正、博文约礼等。至于允恭楼群这一片，则以温良恭俭让冠之，号曰即温、明良、允恭、崇俭、克让。在1926年6月绘制的《集美学校中学部全图》中，克让楼就已经有"一席之地"了。不仅如此，该图还有规划要建的抱忠、存恕、修身、正心、诚意诸楼和大礼堂、运动场等。

由此可见，克让楼的名字在1924年就已经取好，只是在1926年之后，由于陈嘉庚企业受世界经济危机的影响，经济状况不佳，无力一如既往地支持集美学校和厦门大学的建筑经费。为集中资金确保厦门大学的在建校舍如期竣工，他要求集美学校暂时忍耐，拟建的工程暂时中止了。新中国成立后，集美学校迎来新生，陈嘉庚在筹措资金修复因战争损毁校舍的同时，把建设克让楼列入计划。1952年，克让楼建设完竣，弥补了当年的遗憾。克让楼虽然"迟到"，但它却是在校主的亲自主持设计下建设完成，仍不失为经典大气的嘉庚建筑。

克让楼（2012年）

明 良楼
Mingliang Building

Century-Old Jimei University Tan Kah Kee Architecture

明良楼是允恭楼群的组成部分，温良恭俭让的"二哥"。建成于1921年6月，位于即温楼西南，3层36间。明良楼最初三层用作中学部和水产科教职员宿舍，一二层为商科学生宿舍。1929年7月，校舍重新分配，一层为商业学校新生宿舍，第二三层由中学、水产、商业三校教职员居住。1958年之后，明良楼归集美航海学校使用，作为教职工宿舍。1982年拆除，在原址建图书馆，2013年按原样重建。现为航海学院学生宿舍。

该楼为闽南硬山式屋顶，"三川脊"呈五段燕尾造型，屋面铺设绿琉璃瓦。西式连续拱柱外廊，一二层梁柱式，三层券柱式。主体中央两跨位置外凸为门廊，檐部上方做成圆弧拼三角形山墙，双坡顶与屋面等高。建筑左右前端扩筑三层六角台，开敞券柱式平顶围栏构造。角台二层设梯位，一层外置贴壁石阶楼梯与其相衔接。中央和两端凸出主体的门楼和角台施以白色，与立面红砖清水墙和绿琉璃瓦屋面形成鲜明的色彩差别，更彰显其独树一格的中西合璧风貌。

失而复得　克复旧观

明良楼自建成以来历经多次修缮。1937年1月因"全座渗漏，正面右梁又折一根"而兴工修理，在3月4日开学前赶修完成。1940年12月18日遭日本飞机轰炸，"毁房四间"，至战后修复。1949年"双十一"，又被蒋军飞机炸损，1950年4月修理完竣，翌年4月又重修明良楼。1982年被拆除改建为图书馆。

2013年，集美大学在厦门建发集团有限公司和集美学校委员会（集友银行）的支持下，斥资一千万元，在原址按原貌重建，再现明良楼往日的风华。2013年10月23日下午，举行明良楼落成揭幕仪式。

正是因为这一"失而复得"的经历，虽然建新如旧，明良楼却未被列入"全国重点文物保护单位"，不能不说是个遗憾。

建设中的明良楼（1921年）

"明良"意指"明君良臣"，出自《尚书·益稷》。《尚书·益稷》指出："元首明哉，股肱良哉。"诸葛亮在《便宜十六策·考黜》中也指出："明良上下，企及国理。"一个国家，上有明君，下有良臣，就有希望把国家治理得井井有条，使国力强盛，人民安居乐业，这是治国安邦的良好愿望。

明良楼（1921年）

明良楼（1921年）

即温楼　明良楼　允恭楼

允恭楼

陈嘉庚创办集美学校之初，就十分重视培养学生的科学精神、实践技能和专业知识。1918 年，集美师范中学开办后，为满足师生教学需要，先后开工建设图书馆、科学馆、植物园、音乐室、美术馆等，简称"三馆一园一室"。科学馆是集美学校培养学生科学实践能力的重要场所，也是集美学校先进的办学理念和优质的办学条件的历史见证。

科学馆园区是集美学校的"核心区"，早期除承担"科学馆"功能外，还是校董会的所在地，二十世纪七十年代，集美师专借此"宝地"办学，在这里实现"复校大业"，接续了集美师范教育的血脉。集美师专有了新校区后，其美术和音乐专业仍然在此办学。科学馆园区深深地烙上"师专"的印记，寄托着集美师专人的浓郁情怀，老集美人习惯把科学馆园区叫做"师专"。

2016 年，在集美学校委员会的大力支持下，集美大学启动科学馆及图书馆、科学馆南楼、军乐亭等大规模保护性修缮，2017 年年底竣工，克复旧观，胜于旧观。2018 年春，集美大学美术学院入驻科学馆园区。

科学馆南面（1933年前）

1933年后科学馆（背面）

科学馆
Science Museum

从科学馆迈向神圣的科学殿堂

陈嘉庚十分重视科学馆内试验器材及标本添置，
集美学校建校二十周年时拥有仪器、标本三万余件。

　　1918 年，师范和中学开办以后，因物理、化学、博物（包括动物、植物、矿物等）课程教学需要，向上海实学通艺馆采购甲种理化器械及药品各一组，博物标本一组，以居仁楼为庋藏室。1920 年冬，借工艺室一半为理化教室及学生实验室。1921 年春，理化教员陈庆兼理馆事，乃斟酌学校自然科学需要的范围，参考各处图样，拟就科学馆建筑规划，绘图呈请校主校长核准开工建设。这一年，因厦门大学在集美学校开学授课，需用理化试验器械药品，又添置数千元。1922 年秋，科学馆落成，仍将仪器药品标本迁入，分别布置，底层为理化教室、实验室、庋藏室、暗室、天秤室等。第二层为博物教室、实验室、陈列室及标本室。第三层为校长办公室和理化教员宿舍。

　　科学馆坐北朝南，砖木结构，建筑面积 2657 平方米，门楼及角楼为 4 层，两翼为 3 层，建筑费 65000 元、设备费 40000 元，合计 10 余万元，是当时集美学校建筑中建筑费较高的一幢。建筑设前后廊式，一楼为拱券廊；二楼为方形廊、中间装饰哥特式圆柱；三楼设前后阳台。屋顶为西式双坡顶，铺红色机平瓦。外墙以白色为主色调。门楼及角楼山墙装饰丰富，柱头、屋檐及山花作巴洛克式装饰。

　　科学馆落成至今已有 96 年历史，期间经过多次修葺。大的修缮有：1932 年 10 月屋面翻修，1935 年 4 月重行修缮，1936 年局部整修；抗战时期被日军飞机轰炸，多处毁损坍塌，1946 年 4 月修竣；1949 年 11 月 11 日被国民党飞机轰炸，三楼屋面全部损坏，1951 年修复；2000 年再次维修，2017 年又进行保护性修缮。

　　科学馆成立之初，各种标本、化学品具多是陈嘉庚从南洋选购寄回国的，至今标本室（现移设中山纪念楼）里尚保存着近百年前从日本购入的植物标本。馆内用品种类齐全，有物理、化学、博物器械，有博物、植物、矿物、化石、地质学、生理标本，有化学、博物用药品及实验相关的图书杂志挂图等，至 1932 年统计，科学馆馆存的物理器械、药品、标本等，从 1923 年的 1743 种扩充为 4771 种 26833 件。

Century-Old Jimei University Tan Kah Kee Architecture

| 房州清澄山产 | 宫崎产 | 野州那须产 | 东京产 |
| 1923年采集 | 1916年采集 | 1914年采集 | 1922年采集 |

标本室里尚保存着早年从日本购入的植物标本

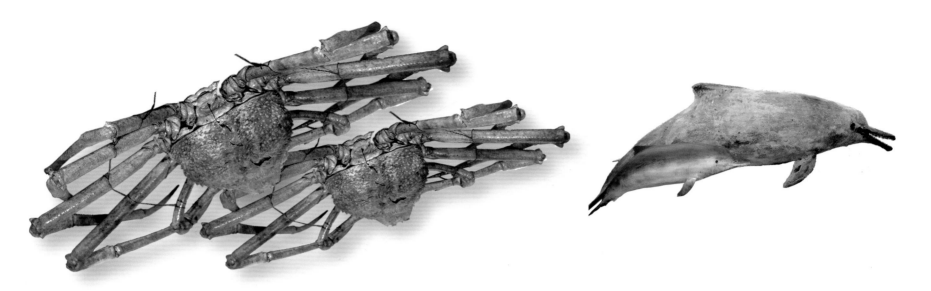

据 1932 年统计，科学馆馆存的物理器械、药品、标本等，从 1923 年的 1743 种扩充为 4771 种 26833 件，耗银元共 3 万元

科学馆是科学交流与研究的重要平台。集美各校和厦大初办时的物理、化学、动物、植物（生物）等课程，均允许学生自由观察与试验，由校长（董）办公室统一编排，分别在科学馆各学科的教室上课和实验。为培养学生兴趣，还成立各种研究会：为提倡学生研究化学和实验起见，1927 年设立化学研究会，从事制造摄影片及肥皂试验；1930 年设立自然科学研究会，介绍自然科学界学说和理论讯息；1932 年设立无线电研究会，从事制造收音机及播音之研究。

科学馆管理制度完善，使用规划清晰。为加强科学馆的管理与发挥其作用，设主任一人，在校长（董）办公室领导下，处理全馆一切事宜。下设物理、化学、博物各股管理员各一人，管理各股之事务；标本剥制员一人，专司采集剥制事宜。组织"科学馆委员会"作为咨询机关，内分设备计划股、教科书编译股、图书审查股、采集标本股等。科学馆以供全校教职员及学生研究试验，增进科学知识为宗旨，对各层使用功能进行周密规划，制定科学馆规程十四条和实验室规则十条，师生员工必须共同遵守。仪器设备充足、注重科学交流与研究、管理制度完善为集美学校学生学习自然科学知识提供了得天独厚的条件，培养了学生浓厚的学习研究兴趣。

学生在做生物解剖实习

学生做课堂物理实验

化学药品室

学以致用
仰望星空的集美学子

弦歌不辍
科学求知精神在此延续

1933 年 6 月 7 日，在科学馆四楼顶中间增筑的"气象观测台"落成，台内放置各种水银气压计、温度计、湿度计等器械及气象常用表、各种云形图。观测台屋顶为长方形露台，四角装置风速计、雨量计、精密日晷与日照计，中竖方向器。气象观测台还拥有德国步瑞氏最大型自记仪器等多种设备，学校曾派员到南京国立中央研究院气象研究所实习。每周观测所得之气象现象均登载在《集美学校周刊》上，又于每日六时将观测结果书写报告牌悬示于科学馆楼下，藉以引起学生对于气象的兴趣，增进科学常识。气象观测台后来改称为"天文台"。

1937 年抗日战争全面爆发，学校被迫内迁。11 月 2 日，科学馆仪器标本除一部分较笨重的寄存集美附近乡间外，其余全部迁往安溪。内迁八年，仪器设备随着校舍搬迁，几经辗转，在艰难的环境中仍为学生求学求知创造条件。至 1945 年抗战胜利，学校次第复员。1946 年春，科学馆修复后，分散在各地的设备陆续运回集美，集中整理后开放，教室、实验室、陈列室、暗室、X 光室等均恢复原样。同时，重整气象台，增设播音室，各校还装设收音机，以充实电化教育。1947 年 7 月，科学馆重新清点的试验器械、标本及图书等，共计 16734 件。1948 年 5 月，成立"集美学校科学研究会"，公布《集美学校科学研究会章程》，科学馆重新成为学生进行科学试验的重要场所。

在集美大学百年校庆之际，集美大学整合原集美学校科学馆和原厦门水产学院海洋动物馆的珍稀标本资源，筹建集美大学自然博物馆，人们将有机会从百年前科学馆里的这些陈列品中，感受百年的历史沧桑与辉煌，校主办学重视科学实践精神也必将得到更好的延续。

图书馆新馆

图书馆新馆
The New Library

集美学校早在 1920 年 11 月就建成图书馆（博文楼），新中国成立后，陈嘉庚有感于图书馆所在的博文楼地势较低，易积水潮湿，拟新建一座图书馆，定位为公共图书馆，选址于郭厝旗杆山的科学馆西侧，1953 年动工兴建，1954 年夏落成。为与位于博文楼的图书馆区分，新建成的馆舍称为图书馆新馆。又因该楼是双座双层、中部连接，俯瞰呈"工"字型的建筑物，也被称为"工字形图书馆"。

图书馆新馆坐北朝南，砖木结构，2 层 14 间，建筑面积 1652 平方米，造价 55429 元。建筑平面呈工字形，前后楼横向建筑为四坡顶，中部纵向双坡顶，铺设红机平瓦，圆拱顶四方洞大窗户，采光通风，入口建门廊，四根罗马柱支撑二层露台。底层 7 间，为前出入厅、第一阅览室、第二阅览室、借书处、后出入厅、第一书库、第二书库，可容人数 450 人。二层 7 间，为前出入厅，兼作教师休息室、教师备课室、教师资料室、阅览室、办公室、文物陈列室、会议室（后出入厅），可容人数 350 人。馆内分设采购编目、书库外借、阅览宣传和装订四个组，建立了方便读者阅览、借书的管理制度。

Century-Old Jimei University Tan Kah Kee Architecture

陈嘉庚的图书馆情结

图书馆是学校，图书馆员是高级教员。接待一名读者，借出一本好书，就是播下一颗知识的种子。

陈嘉庚在谈到提高教育质量时提出，"第一件事情就是要有科学馆、图书馆的设备"。图书馆是培养学生全面发展的重要基地，不仅为学生提供丰富的藏书，营造优美的学习环境，也为教师钻研学术、提高教学水平提供了场所。

陈嘉庚除了在集美学校和厦门大学兴建图书馆，对其他学校和社会的公共图书馆建设也很关心。他指出，"盖教育为强国之本，公共图书馆之设立，实属提高民智之要素"。陈嘉庚曾于 1926 年向中国公学捐赠《四库全书》，向参山学校图书馆捐献《万有文库丛书》。1925 年、1926 年，他曾计划在厦门、福州和上海兴建三座大型公共图书馆（兼作博物馆），多次致函集美学校校长叶渊谈图书馆选址、图书馆建筑布局等事宜，其中多次要求"地点当择公众利便之区"。他在 1926 年 1 月 16 日给集美学校校长叶渊的信中阐述了他所抱定的信念："第一事注重集、厦二校，第二事国中都会、巨镇、省会各设图书馆附博物院，第三事就是大闽南主义，扩充师范、中学、小学等是也。"遗憾的是 1926 年之后，各项营业皆无利可图，图书馆的计划"力与愿违"，不得已"搁置"，这是他抱憾终身的事。

"文革"期间，图书馆被列为解散对象。为了保护丰富的馆藏书刊资料，经厦门市革委会同意，1972 年 3 月，集美学校图书馆由厦门市图书馆接办，更名为"集美图书馆"，成为厦门市图书馆的分馆。集美图书馆由学校图书馆转变为向集美各校和社会公众服务的公共图书馆。被接办时的藏书经清点为 173678 册。并入厦门市图书馆后，集美图书馆作为一个分馆，仅承担流通服务工作，其他相关工作均由市图书馆负责。

1989 年 7 月 1 日，在各方努力下，集美图书馆归还集美学校委员会管理，性质仍为集美地区综合性公共图书馆。2001 年年初，图书馆藏书及办公地点迁往重建后的博文楼，这里荒废经年，成为危房。2017 年修竣后作为集美大学美术学院展馆。

军乐亭与介眉亭是同一个亭子

军乐亭建成后深受师生喜爱，成为理想的留影胜地。

军乐亭位于园区内科学馆东北侧，由八根木柱支撑，富有民族特色。军乐亭1925年4月落成，建筑费3500元，因是集美学校学生军乐队练习军乐的场所，也称"音乐亭"。军乐亭建成后深受师生喜爱，成为理想的留影胜地。

军乐亭抗战期间被炸毁，1946年9月修葺竣工；1949年11月11日被蒋军飞机轰炸震塌，1950年修复。1959年8月23日，毁于超强台风，仅余基座。2016年，在原基座上按原貌复建，2017年建成。新修复的军乐亭典雅秀丽，见证着校主伟大的人格，丰富了科学馆园区的历史人文和精神底蕴。

1923年，在集美学校举行建校十周年纪念活动之际，叶渊校长和十二名教职员共同发起在全校师生和校外募捐款项建造"介眉亭"，一为陈嘉庚祝寿，二为纪念他的兴学功绩。

陈嘉庚获悉后"殊深诧异"，指出"无论兴工与否，弟决不愿受"。他于1924年3月27日致电设在厦门专司集美学校、厦大经费汇兑的"集通行"："告校长请取消建介眉亭，捐款发回。"次日他又致信叶渊，详述反对"建亭祝寿"的理由，指出："盖弟每以'实事求是'四字为宗旨，若目的未达，遽邀钓誉，毋乃自背乎。盖今日本校虽有许规模，而学生之实益如何，可裨于社会如何，无庸隐讳……弟之仰望者大，绝非谦逊本性，唯要有相当之功德，然后敢享受耳……要达目的，第一须先知社会人之心理，今日我诚无私，尚多不满人意。语云'止谤莫如自修'，故却其（指厦大师生）贺仪，此自修之一端。兹之不愿建亭，亦犹是也。若好制造虚荣，必能影响于厦大，为无益，损有益，岂不误哉！盖我若确能实行'实事求是'四字，加以不急功誉，终必显示无我之大公，则助厦大者，必有其人，爱社会，爱国家，不为时欲所移，定表同情也。"要求叶渊"善说诸君，毋强立不满意之纪念"。

4月5日，陈嘉庚又寄给叶渊一信，指出："不意诸君竟为目的已达，且欲建亭以树永功，而不计能否贻笑于将来……唯寿亭之不可盖与集校甚为密切之关系。"在给叶渊的信寄出两天后，心里不踏实的陈嘉庚给与叶渊关系"至契"的陈延庭写了封信，要陈延庭劝阻建亭。叶渊校长接到"集通号"转来的电报和陈嘉庚寄来的信以及陈延庭的劝说后决定取消建"介眉亭"，内外捐款一概发还，改建"军乐亭"。

此事从一个侧面反映陈嘉庚的高风亮节和深谋远虑。"军乐亭"的修复重建，具有特殊的纪念意义。高山仰止，景行行止，陈嘉庚的崇高风范永昭世人！

军乐亭

科学馆南楼

科学馆南楼　SOUTH WING, SCIENCE MUSEUM

科学馆南楼于 1956 年 1 月建成，位于科学馆南侧，又称科学馆前楼或科学馆教室。建成时共 3 层 15 间，现为 3 层 24 间，建筑面积 1284 平方米。该楼外墙面正立面为黄色，其余三面为灰色，俗称"小黄楼"。双坡红色屋顶，平面呈前廊式布局，廊面及东西两翼均为圆拱西式券廊，二三层走廊围廊为绿釉瓶栏杆。集美师专复办后一度作为女生宿舍和校办工厂用房，之后继续教育学院、工程技术学院等的学生都在此楼居住过。该楼南北通透，采光通风良好，出宿舍门便是篮球场，动静相宜，深受学生喜爱。现为美术学院办公楼。

天然位置，惟序与黉，英才乐育，蔚为国光。1985 年 9 月 7 日，美国前总统尼克松访问集美学村，盛赞这里是他见过的"世界上最美的学校"。集美大学八幢列入"全国重点文物保护单位"的嘉庚建筑是"最美学校"的核心组成部分，这些建筑记录着百年学村的沧桑变化，蕴含着博大的嘉庚精神，是国家和民族的宝贵财富。

诚毅楼

海通楼

Fostering Talent: Chengyi Building, Haitong Building Fudong Building & Navigation Club

福东楼

航海俱乐部

陈嘉庚在全国人大一届一次会议上投票选举国家领导人（1954年9月）

陈嘉庚和中侨委主任廖承志(右一)、中侨委副主任方方(左一)
庄希泉(左二)等在北京寓所合影

陈嘉庚与集美学校高考生合影（1957年）

诚 毅楼
Chengyi Building

诚毅楼是一座西式小洋楼,位于郭厝社西北,现航海学院内,原为"校长住宅"。1925年6月24日落成,是陈嘉庚为集美学校校长叶渊所建的兼具办公和住眷功能的单体建筑,共2层8间364平方米,建筑费1.6万元。2016年厦门市人民政府认定诚毅楼为市级文物保护单位。

1927年3月,学校改校董制,该楼即改称"校董住宅",一楼办公,二楼住眷。1950年陈嘉庚回国定居后,曾在二楼居住至1958年。1956年集美学校委员会成立后也在此楼办公。1958年后该楼移交航海学校使用,"文革"期间,学校将原有校舍按编号重新命名,"校董住宅"变成"9号楼",师生习惯称之为"小红楼"。1980年该楼进行加固维修,将木楼板改为钢筋混凝土,用"诚毅"校训来命名。1958年以来,诚毅楼曾先后作为教师宿舍和医务室、国航系、资产经营公司、学生会、心理咨询中心等的办公场所。

2016年10月学校启动诚毅楼修缮,2017年年底竣工,正规划作新的用途。

Century-Old Jimei University Tan Kah Kee Architecture

1958年陈嘉庚先生第七子陈元济夫妇回国看望陈嘉庚时合影(诚毅楼阳台)

海通楼

海通楼　HAITONG BUILDING

海^{通楼}

海 通楼
Haitong Building

Century-Old Jimei University Tan Kah Kee Architecture

海通楼位于集美学村大门的东北侧（入门左侧半坡上），依坡地而建，层高为西边六层东边五层。钢筋混凝土木石混砖结构，底层及二层局部南北两面走廊，其余南面走廊，红砖廊柱，绿葫芦节配白色条石围砌骑楼栏杆。背面和侧面为花岗岩条石清水墙，镶红砖拼花窗套；正立面为红砖清水墙，梁柱式外廊绿釉瓶护栏；中部前凸，六根廊柱以红砖白石拼砌；角楼前凸平面呈梯形，角柱"蜈蚣脚"装饰，镶白色拼花窗套。海通楼 1956 年动工兴建，建筑现状完成于 1987 年。现为航海学院教学楼。

海通楼是一幢未完成的建筑

海通楼原规划建成颇具宏伟气象的中西合璧建筑，与同年代建设位于学村东南角的南薰楼互相呼应，互成犄角。

根据《集美航海学校海通楼建筑图》，海通楼的规划设计为：主体 5 层，西部地势较低为 6 层，中部增高建塔楼为 10 层，平面布局为前后外廊式，东西两角楼，闽南燕尾脊歇山顶琉璃瓦屋面。从设计图看，海通楼原规划建成面宽75.6 米、进深20.6 米、高 46.8 米的颇具宏伟气象的中西合璧建筑，与同年代建设位于学村东南角的南薰楼遥相呼应，互成犄角。可惜的是，后来实际建筑并不按该图实施，《集美学校委员会海通楼工程设计图》显示，相较于最初的规划设计图，建筑平面布局依旧，而三至四层改为前廊式，最大的变更是建筑层数及中部屋顶样式改变。西部地势较低的改成 5 层，东部地势较高的改成 4 层，在 4 层平台的中部建五开间歇山顶绿琉璃瓦屋面的单层建筑，两侧辟为铺砖围栏露台。但海通楼的建筑现状与《集美学校委员会海通楼工程设计图》也有所不同，顶层的歇山顶没有了，只有中间一层平屋。主要原因是海通楼建到一半停工，虽经多次续建，但未严格"按图施工"。

查阅现有资料，海通楼动工时间有 1956 年、1958 年两种说法，停工原因、续建时间等也有不同说法。据陈嘉庚 1960 年 4 月 10 日撰写的《集美学校从 1951 年至 1959 年概况》一文记载：1956 年秋航海学校恢复招生，当时计划逐年扩大，"因此我就多建校舍"，并收到交通部按"学生 700 名"拨付的 60 万元基建费。由此判断，海通楼动工时间是 1956 年秋。

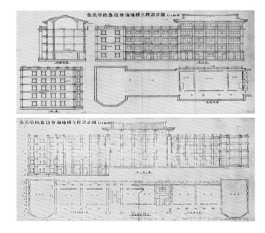

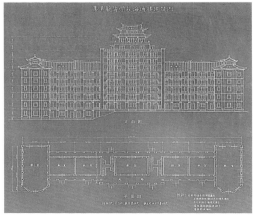

海通楼

海通楼中途停建的原因，多数资料都认为与1959年"八二三"超强台风正面袭击有关。"八二三"超强台风给集美学校造成严重破坏，许多建筑受损，急需抢修，需要大量资金和建材，所以当时建到两层半的海通楼停工"让路"，海通楼成了"未完成"的工程。但是也可能在1959年"八二三"台风之前就已停工。陈嘉庚一向是按照招生规模来建设校舍的，《概况》记载，海通楼动工后，"曾计划逐年扩大"招生规模，"但几年来航海水产二校并无实行，后来中央若干职权下放到省，经水产航海校长向省主管厅局几次联系，均无具体办

法，使我进退两难"，在这种情况下，有可能主动暂停建设，视招生情况再决定是否继续兴建。1960年4月，陈嘉庚再次进京，"此次来京拟与各主管部联系，了解航海、水产、轻工业各校，在三五年内是否计划发展？以便预备校舍建筑地段"，"根据交通部王部长和张局长面告，集美航海学校今后每年拟招中等专业学生300名，四年共1200名，集美航专明年开办，学生逐步发展至1200名，两校共计学生为2400名。全部基建及设备费预算200万至250万元。我意，每名学生基建费除负担公共机关100元，校具50元（不包括

教师住家用具），其余照占用校舍面积计算"。这时，交通部按"今年增加学生450名再拨36万元"基建费。此时续建海通楼第三第四层是有可能的，但也可能是1963年8月集美航海学校重归交通部领导后才进行续建的。1976年，学校在海通楼五层中间模仿船舶驾驶台加盖一层。1987年6月，学校从挪威引进航海雷达和导航模拟器，因装置仪器设备需要，在五层两侧加盖一层，保留角楼露台，建成之后即为现在的海通楼。

集美学村"第一楼"

走进集美学村，人们第一眼就能看到这座具有浓郁闽南特色的建筑；海通楼也是一座"通海"的楼，走廊的尽头便是大海，站在西侧露台上远观杏林湾畔风景如画，近看海堤码头潮起潮落，令人心情舒畅愉悦。

海通楼位于嘉庚路1号集美大学航海学院内，说它是学村第一楼，既不因为它是第一座建成的历史最悠久的建筑，也不是因为它是最精致、最高、最长的建筑，而是因为海通楼的地理位置显著，站在嘉庚路起点集美学村的门楼下，人们第一眼就能看到这座具有浓郁闽南特色的建筑；海通楼也是一座"通海"的楼，走廊的尽头便是大海，站在西侧露台上远观杏林湾畔风景如画，近看海堤码头潮起潮落，令人心情舒畅愉悦。海通楼也是学生学习航海专业知识"第一楼"，建成后大部分时间作为航海学子学习的主要场所。

1987年5月集美航专花200万元从挪威进口第一

代航海雷达模拟器安装于海通五楼，海通楼内还设有海图作业室、电航实验室、专业教研室等，学生在楼前空地进行水手工艺的练习，在海通楼顶用六分仪测太阳高度，在海通五楼学习最前沿的雷达装置操作，扎实的专业知识和技能储备是航海学子毕业后成长成为优秀航海人才的重要因素之一。

海通楼（2012年）

走进集美学村第一眼就能看到海通楼

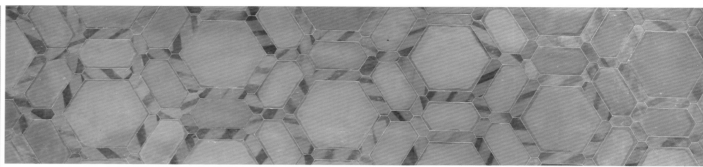

海通楼
不失为
精品工程

　　陈嘉庚回国定居后主持集美学校及厦门大学的修复、扩建，经常拄着拐杖巡视工地，叮嘱工人们"不要着急，慢慢做"，海通楼虽然未按最早建筑图样完工，但已建成部分均为闽南匠人出品的"精工细作"，是一座"耐看"的建筑。正立面（南面）为红砖清水墙，梁柱式外廊绿釉瓶护栏，背面和侧面为花岗岩条石清水墙，镶红砖拼花窗套；中部前凸，六根廊柱以红砖白石拼砌；角楼前凸平面呈梯形，角柱以"蜈蚣脚"装饰，镶白色拼花窗套，每一个拼花细节都值得观者细细品味。海通楼的建筑之"精"也体现在其有趣的"拐弯抹角"，教室门、窗、走廊拐角甚至立柱靠行人的侧面都采用"抹平"的方式，方便行人通行。

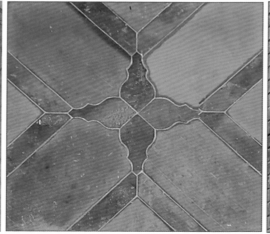

　　海通楼建筑规划是五十年代末嘉庚建筑思想成熟运用的体现，陈嘉庚提倡建筑加建"五脚气"（直译自英文"five feet base"一词），他认为加建"五脚气"，不但能为师生提供休息或看书的充足空间，空气通透，也能使建筑更为雅观；房屋西面建"五脚气"，则还能减除夕照的炎热。海通楼中部南面走廊即为"五脚气"建法，师生们穿行至此，便有豁然开朗之感，享受空气清新凉风习习，亦不由感怀校主对学校一草一木、一砖一瓦的良苦用心。海通楼同时还是南北面均可以通行的楼，早年校主在给陈延庭的信函中即提到此后再建校舍，"宜勿分前后，屋之东西，均可视形各有正面之资格"，其便利性不言自明。

福 东楼
Fudong Building

福东楼位于石鼓路 4 号机械与能源工程学院内，处于集美福南大会堂东南角，坐北朝南，中部四层，东西两侧均为三层，1957年年底落成。南面红砖圆外廊，绿葫芦节白条石栏杆，屋顶绿琉璃瓦、红瓦两色屋盖。二十世纪五十年代水产、航海分设后为水产学校校舍，厦门水产学院存续期间为水产学院校舍，现为机械与能源工程学院教学楼。

Century-Old Jimei University Tan Kah Kee Architecture

也曾面朝大海　仍然器宇轩昂

　　在福东二（大唐楼）未建之前，福东楼直接面向大海（龙舟池）。福东楼一二三层为外廊式，由正中间起单拱，两边则分别以两小夹一大半圆拱为基本单元连续红砖券柱结构，绿琉璃葫芦瓶栏杆。中部为四层，燕尾脊歇山顶，断檐升箭口，绿琉璃筒瓦屋面，外廊部位辟为露台，围栏中间镶嵌青石"福东楼"楼匾。两翼为红机平瓦双坡顶，楼之两端以一单元券拱的开间前凸设置梯位，山墙装饰轮船航海彩色灰塑图案。福东楼位于园区内地势较高之地，拾级而上方可到达一层。从正面看，红砖拱廊立柱，白色边饰，绿琉璃葫芦瓶围栏规律搭配；楼前大树参天，"福东楼"青石楼匾庄重大气富有韵味，楼匾两侧山墙纹饰及镂空砖花精致典雅，虽经岁月流转，福东楼器宇轩昂不减当年。

这是一幢与水产极有"关系"的楼

为满足集美水产航海学校发展的需要，陈嘉庚规划建设了福东楼，山墙上有极富特色的立体涂饰，浪花、渔船、海鸥等元素都充分说明该楼与"水产航海"的关系。

　　福东楼建成后首先作为水产航海分校后的"集美水产学校""集美水产专科学校"校舍，1970年停办后空置。1972年上海水产学院迁来集美改为厦门水产学院，福东楼便交由厦门水产学院使用，1979年上海水产学院回迁后，渔业机械、渔船动力机械、渔业电子仪器、渔船船体设计与制造等四个专业组成新的厦门水产学院留厦门，继续在福东楼办学。后因发展需要在印斗路北面规划建设新校区，因而福东楼所在园区被称为"水院旧区"。1994年，厦门水产学院并入集美大学，成为集美大学水产学院。

福东楼（1957年）

航 海俱乐部
Navigation Club Building

航海俱乐部全称是福建省航海俱乐部，位于集美大学体育学院内，是陈嘉庚受福建省体育运动委员会委托而亲自主持选址、设计和督建的，1961 年竣工。航海俱乐部大楼平面呈曲尺形，主体三层，角楼五层，南翼面宽 51.5 米，进深 14.8 米，后廊式，白石清水墙面；西翼面宽 47.8 米，进深 8.8 米，前廊式，红砖清水墙面。一至四层为钢筋水泥梁和水泥楼板结构，廊道和露台采用"砌粗砖刷水泥生壳浆洗清"的船锚造型栏杆围。角楼高 19.1 米，白石清水墙面，平顶，宽出檐，两侧辟圆拱顶长条状的通高采光窗，中间镶砌镂空水泥花格，颇具建筑特色。现为集美大学体育学院办公楼。

福建航海运动俱乐部后改名为福建省第二体育工作大队（水上运动中心），其主要任务是选拔、培养、训练和向国家队输送帆船、帆板、赛艇、皮划艇、皮划艇激流回旋等水上项目的高水平运动人才。后期围海造地改变杏林湾水域状况，码头无法使用，航海俱乐部不得不易地重建（现地铁集美学村站南面，与水上站毗邻），航海俱乐部旧址委托附近驻军代管。

1974 年，福建省体委决定在集美创办"福建体育学校"，主要任务是培养中等学校的体育教师，学制两年。学校地址选在集美原"福建航海俱乐部"。选择"福建航海俱乐部"旧址办学，不单纯是为了校舍的方便，更主要的是为了继承陈嘉庚重视体育教育的传统。集美学校很早就有一套完整的体育规章，校委会下设体育部，体育课列为必修课，还聘请著名体育教师任教，建造体育场馆、龙舟池，定期举行校运会等。从 1919 年至 1948 年，集美学校举行过十八届运动会。为解决闽南地区体育师资匮乏的问题，二十世纪二三十年代，集美师范和幼稚师范先后设立体育科和体育舞蹈系。三十年代就有集美学校的学生作为国家队的选手参加在菲律宾举办的远东运动会和在德国举办的第十一届奥运会。

1978 年 12 月，在福建体育学校的基础上复办福建体育学院，使学村的体系更加完备，体育学院既培养中学以上的体育教师，也培养体育科研人才，为发展福建体育事业起了积极作用。

航海俱乐部主楼

游泳池及十米跳台

福建不应该缺席"航海运动"

开展这个活动很好，既培养了人才，也进行了爱国主义教育，
我要在厦门建一个更大一些的航海俱乐部，请你们派人帮助。

1956年秋天，陈嘉庚（时任全国政协副主席）视察青岛航海俱乐部，俱乐部主任向他作了详细的汇报。他听了很高兴地说："开展这个活动很好，既培养了人才，也进行了爱国主义教育，我要在厦门建一个更大一些的航海俱乐部，请你们派人帮助。"当时第一届全国航海运动会刚在青岛汇泉湾举行，来自北京、上海、广州、南京、杭州、大连、青岛等地的11个代表队共221人参加了大会，福建未派队参加。1958年8月又将举行第二届全国航海运动会，而且将于1959年9月举行的第一届全国运动会也将设立航海运动项目。陈嘉庚认为作为沿海省份的福建不应该缺席航海运动，回省后积极向省里建议组建航海运动俱乐部，选拔运动员，开展航海运动训练。根据陈嘉庚的建议，福建省政府同意在集美建立福建省航海俱乐部，委托陈嘉庚选址、规划和建设。

航海俱乐部

航海俱乐部也是嘉庚建筑

之所以说航海俱乐部也是嘉庚建筑，主要有三个因素。福建省航海俱乐部是在陈嘉庚的建议和推动下组建的；航海俱乐部大楼由陈嘉庚亲自主持规划、选址和建设；陈嘉庚在经费上给予资助。从建筑风格上看，也完全符合嘉庚建筑的特点。陈嘉庚亲自选定杏林湾畔的义顶山作为俱乐部的地址，亲自协调建设用地，亲自指导俱乐部大楼和码头的规划设计，指定集美学校建筑队负责施工，还补助6万元建设经费。福建省航海俱乐部大楼建成后东面正对陈嘉庚故里，西邻美丽的杏林湾，北靠天马山。整个建筑群如"舰船形"，层层上升，最高部位如"船长室"居高临下，俯瞰高集海峡。码头就在不远处，训练十分方便。

福建体育学校首届工农兵学员毕业留影 76.7.6.

集美大学的嘉庚建筑有着中西合璧的独特风貌和深刻丰富的文化内涵

《百年集大·嘉庚建筑》是一本凝聚着情怀的历史相册

也是一部融汇了百年历史沧桑和传承发展的故事书

历久弥新　华丽再现

A VENERABLE HISTORY
WITH LINGERING CHARM

集美大学嘉庚建筑修缮历时七年，修缮过程繁琐而细致，掀开每一片屋瓦，便是重温一段历史
修缮是保护，更是传承。修缮团队用严谨的态度和高超的技艺续写着嘉庚建筑的辉煌
集美大学百年校庆之际，嘉庚建筑正以独特的建筑风格和艺术价值华丽再现

Century-Old Jimei University　Tan Kah Kee Architecture　百年集大　嘉庚建筑

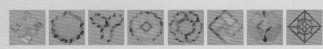

沧海桑田　历久弥新——嘉庚建筑修缮综述

2013年11月19日，单霁翔（右二，时任故宫博物院院长，国家文物局原局长）察看敦书楼

嘉庚建筑　百年传承　　　>>>

　　集美大学校内有十五幢陈嘉庚于二十世纪二十年代和五十年代兴建的校舍，这些建筑是陈嘉庚留给学校的宝贵的有形资产和物质财富，是嘉庚精神和学校历史文化的具体呈现，是研究我国近现代建筑发展史重要的实物资料，具有极高的人文历史和科学价值。由于建筑年代久远，这些校舍普遍存在屋面渗漏、内外墙风化脱灰、木构件蚁蛀腐朽、栏杆破损等问题，部分建筑结构也有安全隐患。为保护历史文物，保障使用安全，弘扬和传承嘉庚精神，在国家文物局、省市文物管理部门、集美区政府和集美学校委员会的大力支持下，学校于2011年启动对校内嘉庚建筑的全面保护性修缮。

修缮启动 2011　　　>>>

　　在2011年以前的多次维修中，由于缺少系统评估和完善的修缮方案，只能以保障安全和使用需要为基本考虑因素，进行简单的功能性维修。

　　为使嘉庚建筑的修缮更科学、更合理，学校邀请了国家、省、市文物管理部门的专家来校调研论证，研究制订修缮方案。2012年，嘉庚建筑维修保护工作首期项目——尚忠楼群的维修改造保护工作正式拉开帷幕。

Lingering Charm Through The Ages
The Renovation of Tan Kah Kee Style Architecture

在各级政府及相关单位的大力支持下，学校全面启动校内嘉庚建筑的保护性修缮，修缮工作分三期进行

修缮历程 2011-2018 >>>

● 第一期修缮工程（2011—2014 年）

第一期嘉庚建筑修缮工程，包括财经学院尚群（尚忠楼、敦书楼、诵诗楼）的修缮和航海学院明良楼重建工作。

尚忠楼群修缮于 2013 年 3 月开始进行，其中敦书楼于 2013 年 9 月完成，尚忠楼于 2014 年 4 月完成，诵诗楼于 2014 年 9 月完成。

2012 年，学校研究决定按历史原貌重建明良楼。2013 年 8 月，明良楼重建竣工，恢复允恭楼群"温良恭俭让"整体和谐的历史原貌。

● 第二期修缮工程（2015—2018 年）

第二期嘉庚建筑修缮工程，包括航海学院崇俭楼、克让楼，科学馆园区，体育学院航海俱乐部修缮工程。

崇俭楼、克让楼修缮工程于 2015 年 5 月动工，当年 9 月修竣。

科学馆园区修缮工程（包括科学馆及科学馆南楼修缮、军乐亭重建）于 2015 年上半年动工，2017 年年底完成。同时对该园区内建于二十世纪七八十年代的教学楼和综合楼按嘉庚建筑风格进行改造。

航海俱乐部维修改造工程于 2015 年 12 月动工，2018 年 8 月完成。

● 第三期修缮工程（2016—2018 年）

第三期嘉庚建筑修缮工程包括允恭楼、即温楼、海通楼、诚毅楼、福东楼修缮。海通楼、诚毅楼、福东楼修缮工程于 2016 年 10 月动工，2017 年 9 月完成。允恭楼、即温楼修缮工程于 2018 年 2 月动工，2018 年 8 月完成。

2015年4月25日，童明康（左三，时任国家文物局副局长）了解尚忠楼群修缮方案

学校高度重视嘉庚建筑修缮工作，多方筹措资金
按照文物建筑修缮的相关技术规范要求，结合实际情况
有条不紊地推进嘉庚建筑修缮工作

⬤ 立足实际，制订修缮方案

"修旧如旧"是学校保护和修缮嘉庚建筑的基本原则，在满足使用功能的情况下，结合历史资料，尽量还原被拆改的建筑原貌。同时通过合理保护帮助建筑抵抗岁月风霜侵蚀，让嘉庚建筑"延年益寿"。如在对墙面进行修补时，保持墙面做法和颜色的统一；后期加盖外墙饰面与原建筑风格严重冲突的部分予以拆除，换贴与整体立面风格一致的建筑饰面；对残损构件中经维修后能够继续使用的尽量使用，对确实需要更换的材料，尽可能寻找其他旧材料以及提高新材料与原材料外观及性能上的相似度。

2015年4月17日，黄菱（左二，时任厦门市委常委、统战部部长，集美学校委员会主任）关心学校嘉庚建筑修缮进展情况

⬤ 坚持原则，保留建筑原样性

校内嘉庚建筑分别建成于不同年代，期间因日寇炮火轰炸、台风肆虐等原因受到多次毁损，因损害程度及当时修复工艺的不同，加上后期部分人为改造对建筑原貌造成的破坏，需要根据实际使用情况予以保留或者恢复。为此，学校对不同嘉庚建筑进行评估，分别制订相应的修缮方案，开展按历史原貌恢复重建明良楼和军乐亭的方案论证；对后期新建、改造不符合原貌的部分，在依据充分的情况下进行拆除、恢复；为满足使用功能要求添加的改建部分予以保留，进行修复，使之与原建筑主体协调呈现；为满足日后师生用电需要，对相应园区区域的配电进行增容，对道路、环境及景观进行总体规划改造。

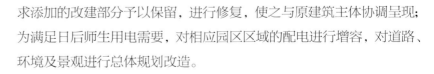

修缮的主要做法　　　>>>

在集美大学百年校庆之际，嘉庚建筑经修缮后重现风华，是嘉庚精神的生动展示
师生穿行在校园中感受嘉庚建筑的独特魅力和深厚的文化积淀，感受陈嘉庚伟大的爱国精神和高尚的人格修养
这是对校主倾资兴学的纪念和感恩，是对嘉庚精神的弘扬和传承

● 注重细节，提升修复美观性

历时七年的嘉庚建筑整体修缮保护工程接近尾声
嘉庚文化的保护和传承也进入新的历史阶段

　　嘉庚建筑在细节之处尤显精美，充分展现闽南地区能工巧匠的高超技艺，利用花岗岩和红砖以镶嵌、叠砌的技艺在柱头梁底、门楣窗楣、墙面转角、外廊立柱上拼饰图案；屋顶燕尾花纹彩饰图案精美，木作构件及雕花精致细腻。但因年代久远，建筑局部存在木构件松动缺失，普遍存在彩漆掉落、山花灰塑褪色等问题。为使建筑修复后既保持原装饰的灵巧原貌，又使色彩更加饱和鲜丽，修缮选料和技艺都经过慎重考虑。

　　新修缮的嘉庚建筑真实、完整地呈现了其自身保留的历史信息，为研究中国近现代建筑发展史，研究和传承嘉庚精神提供了珍贵的历史遗产。明良楼的重建使"温良恭俭让"的允恭楼群重新连为一体，陈嘉庚办学首重道德的教育理念、倾资兴学的良苦用心在这些老建筑中得到体现和印证；科学馆园区的改造使其成为嘉庚建筑精品园区。修缮后的尚忠楼群、允恭楼群、科学馆园区建筑群落庄重大气、光彩动人，在细节处精致秀丽、各有特色，让嘉庚建筑的风貌得到完美呈现，令观者赏心悦目。修缮工程还对建筑物内部及周边景观进行了更加合理的规划，进一步改善了师生的学习、工作和生活条件。

　　修缮团队多次组织人员到闽南地区收集老建筑拆卸下来的砖块、绿釉葫芦装饰瓶及嘉庚瓦等，经过认真比对色彩后实施修补；明良楼重建需要清水砖，修缮团队特地找到能烧制传统清水砖的老窑，专门定制，精心挑选，保证质量稳定和色彩统一；在修复工艺上，木作纹饰修补、彩绘漆色调配等完全依靠人工识别判断，修缮团队特地从各地聘请有经验的匠人来进行，如敦书楼彩绘部分的涂饰工作即从北京请来工匠负责专门调配上色。彩绘涂饰完成后，敦书楼白色的山墙上绿色、黄色相间的山花装饰秀丽清新，三楼走廊立柱涡卷上深蓝、明黄、淡蓝绿、朱红等颜色搭配相宜，突出纹理，增强了立体感，使建筑更显精致秀美。

克复旧观　华丽再现——嘉庚建筑修缮成效

集美大学嘉庚建筑修缮历时七年，修缮过程繁琐而细致，掀开每一片屋瓦，便是重温一段历史，
修缮是保护，更是传承。修缮团队用严谨的态度和高超的技艺续写着嘉庚建筑的辉煌，
集美大学百年校庆之际，嘉庚建筑正以独特的建筑风格和艺术价值华丽再现。

彩绘部分是敦书楼的精华，也是此次修复的重点

嘉庚建筑修缮成效
尚忠楼群
敦书楼

DUNSHU BUILDING

2013 年年初，尚忠楼群之敦书楼开始修缮，
这是尚忠楼群乃至嘉庚建筑整体修缮的开局之作，
2013 年 9 月修竣。

古建筑彩绘运用红黄两色象征吉祥、富贵、美满、幸福

敦书楼的中间部分旧称"文学楼"，建筑秀美，精雕细刻，色彩艳丽，造型富丽堂皇，建成之初即谓"文学楼之建筑胜于全部"，后更有"小天安门"的美誉。但历经战火摧残和自然老化，部分楼体已严重破损。

面对敦书楼墙面破损的问题，为了使修缮后的墙体与原有的清水砖颜色一致，保持建筑整体风格的协调，修缮团队多次到闽南各地收集老建筑拆下的砖块，将其磨成粉末状，再掺上胶，补到残缺位置，进行抛光处理，达到复古的效果。同时出于对文物的保护和对历史的尊重，修缮时对不同颜色的绿琉璃葫芦瓶等都做了最大限度的保留。

敦书楼的三楼为中式琉璃屋面，腐朽损毁严重，本次修缮对三楼木屋面进行了翻建，专门定制了琉璃瓦、板瓦和滴水。彩绘部分是敦书楼的精华，也是此次修复的重点。为此，修缮团队进行了多次的分析论证，专门聘请老工匠用原材料、原工艺进行修复，重现敦书楼的精致秀美。

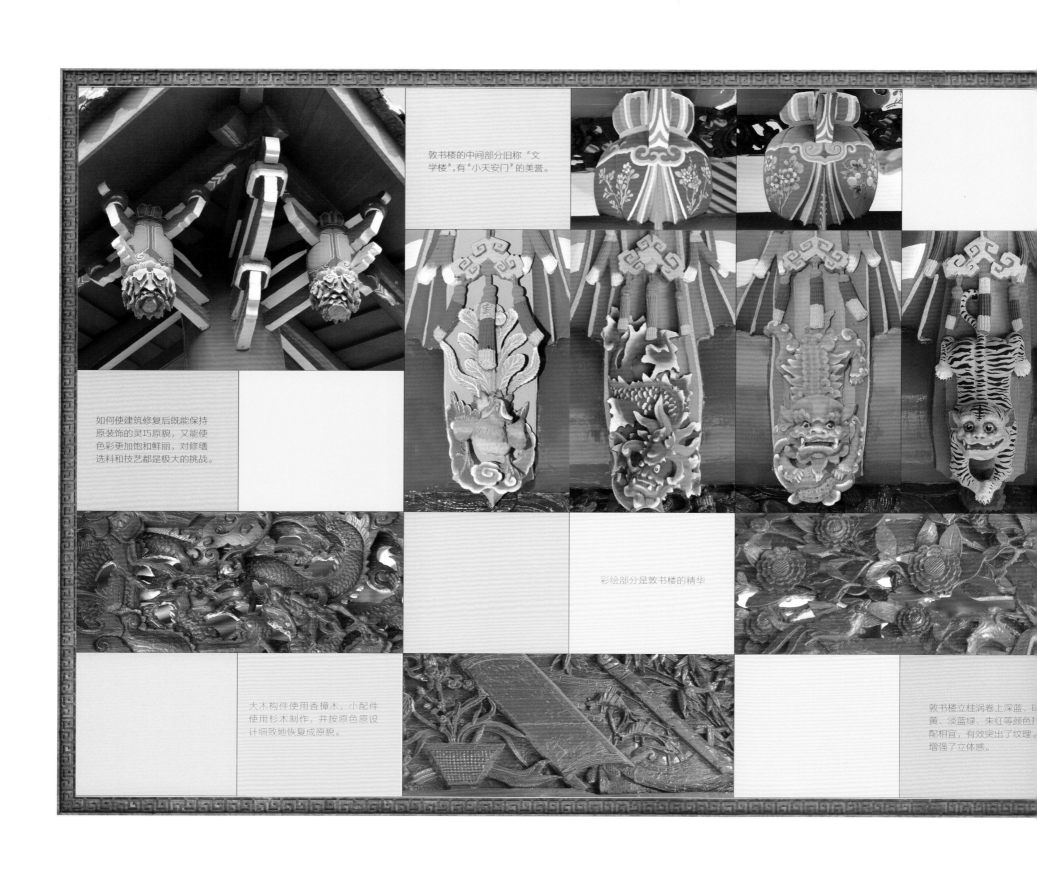

敦书楼的中间部分旧称"文学楼"，有"小天安门"的美誉。

如何使建筑修复后既能保持原装饰的灵巧原貌，又能使色彩更加饱和鲜丽，对修缮选料和技艺都是极大的挑战。

彩绘部分是敦书楼的精华

大木构件使用香樟木，小配件使用杉木制作，并按原色原设计细致地恢复成原貌。

敦书楼立柱涡卷上深蓝、中黄、淡蓝绿、朱红等颜色搭配相宜，有效突出了纹理，增强了立体感。

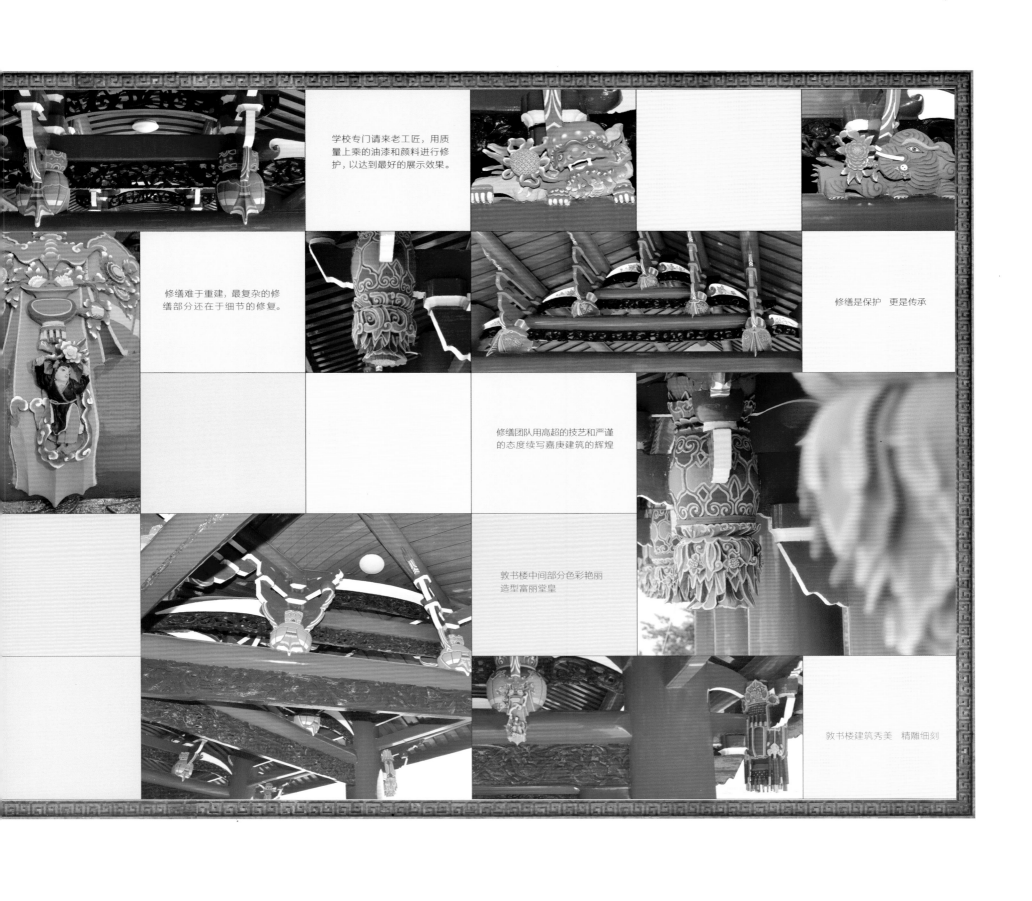

学校专门请来老工匠，用质量上乘的油漆和颜料进行修护，以达到最好的展示效果。

修缮难于重建，最复杂的修缮部分还在于细节的修复。

修缮是保护 更是传承

修缮团队用高超的技艺和严谨的态度续写嘉庚建筑的辉煌

敦书楼中间部分色彩艳丽造型富丽堂皇

敦书楼建筑秀美 精雕细刻

敦书楼

敦书楼

敦书楼

嘉庚建筑修缮成效
尚忠楼群

尚忠楼

SHANGZHONG BUILDING

2013 年 9 月，尚忠楼开始修缮，
2014 年 4 月完工。

由于尚忠楼北侧部分为二十世纪九十年代扩建的卫生间，与主楼之间衔接不当，因而频繁出现渗漏问题。在本次修缮中，修缮团队在进行充分评估后决定对北侧扩建部分予以保留，重点对其外观及内部进行修缮，解决长期困扰的渗漏问题，使之与原建筑物更加统一和谐。

尚忠楼楼体东西段部分分别建于二十世纪五十年代和二十年代，由于建筑年代不同，楼体三层的木吊顶、檐木口的颜色、东西面砖勾缝等均存在较大差异。修缮团队通过一次次请教专家，一遍遍试验，逐一攻克修缮中的工艺难题。

尚忠楼群原有的栏杆高度只有 0.7 米，不符合现行国家相关建筑规范中护栏 1.1 米的要求。面对这种情况，为解决栏杆高度不足的安全隐患问题，同时保持原有葫芦栏杆的形制与美感，修缮团队经过反复研究，选择在原有的葫芦栏杆上加装油饰铁艺护栏，达到既不破坏原貌，又美观协调的效果。

尚忠楼

尚忠楼

诵诗楼

嘉庚建筑修缮成效
尚忠楼群
诵诗楼

SONGSHI BUILDING

2014 年年初，诵诗楼开始修缮，2014 年 9 月修竣。

修缮后的诵诗楼依然延续嘉庚建筑风格——屋顶西式双坡顶，南北向屋脊，屋面铺设红色机平瓦，最大限度还原建筑原有风貌，保留历史韵味。

诵诗楼

诵诗楼

允恭楼

YUNGONG BUILDING

允恭楼的修缮始于 2018 年 2 月，2018 年 8 月完工。

允恭楼历经近百年沧桑，在不同的时期，它的建筑样式并不一样。经考证，允恭楼初建时为三层建筑，1964 年前后进行加层，成为中部四层，两侧三层的经典建筑；后期允恭楼又被加盖改建为四层建筑。此次修缮方案依据允恭楼原始照片资料制订，考虑到允恭楼群中西合璧、坡屋面形式的嘉庚建筑风格特点，结合该楼外观、使用安全、保护原有建筑结构等因素，经文物部门审批，拆除了后期加盖的四楼两侧部分，恢复坡顶，保留中间部分，重现允恭楼最经典的样子。

在此次修缮中，坡屋面的改造决定恢复使用外挂的"嘉庚瓦"。"嘉庚瓦"是陈嘉庚将传统的仰合平板瓦加以改良，取闽南当地的红壤为原料，设计制作成可以搭挂、可以用铜线穿孔将瓦系牢于屋顶椽上的新型瓦片，具有强度高、散热透气性好、厚重抗风不易碎等特点。但随着时代变迁，"嘉庚瓦"逐渐淡出建材市场，原来的砖窑厂已经关门。修缮团队不计工本、"踏破铁蹄"，终于在漳州角美和浙江江山收购到一万多片的旧"嘉庚瓦"，集美学校委会也支持提供了部分旧"嘉庚瓦"，解决屋顶瓦片的问题。

由于人为干预和海风侵蚀，允恭楼种类多样、样式不一的精美装饰泥塑出现不同程度的破损和残缺。修缮团队按照原材料、原工艺、原形制进行修补。部分残损严重、无法按原样修补恢复的灰塑，根据现存较为完好的样式进行复制、修复。

除了引人瞩目的嘉庚瓦和墨绿色的琉璃瓷瓶，允恭楼因建筑外墙面以白色为主，俗称"白楼"。作为学校航海教育的主楼，此次修缮在外墙白色主色调的基础上，把门窗及栏杆扶手恢复成反映航海特色的蓝色。

允恭楼

允恭楼

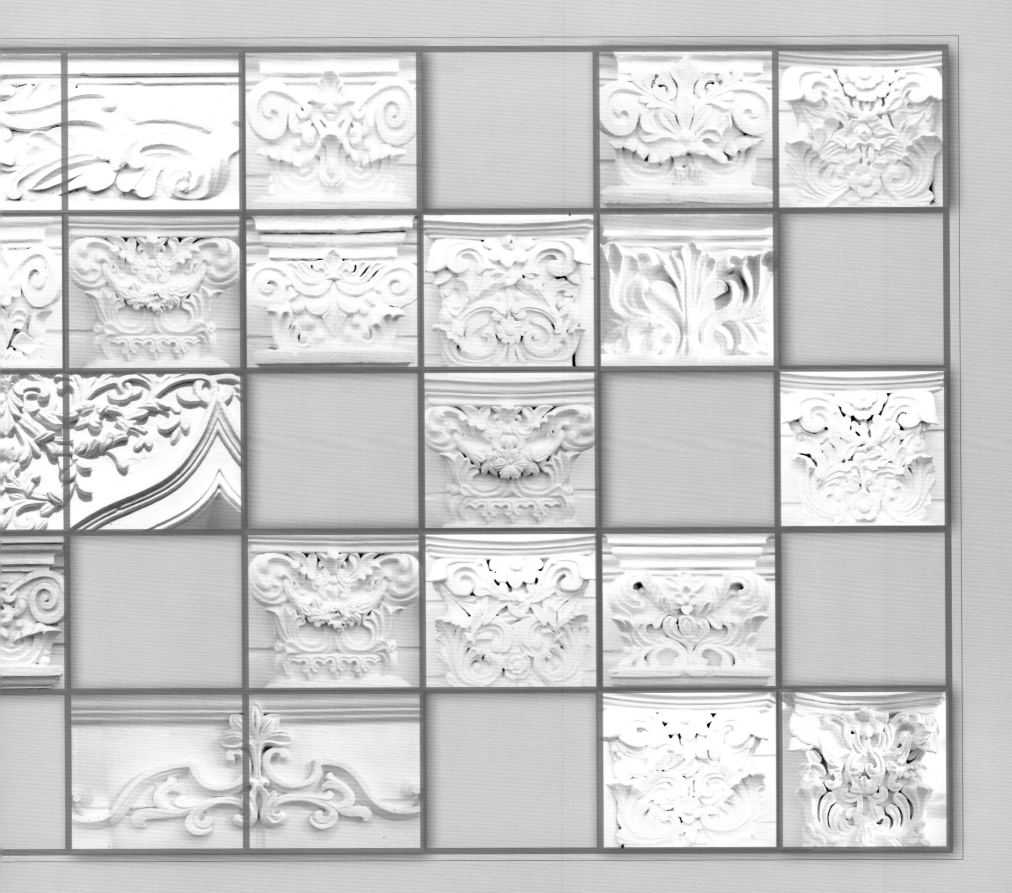

嘉庚建筑修缮成效
允恭楼群

即温楼

JIWEN BUILDING

即温楼的修缮与允恭楼同期进行，
2018 年 8 月完工。

　　即温楼由于岁月侵蚀和历次修缮留下痕迹，导致外墙砖面发黑，俗称"黑楼"。外墙面的修复是此次修缮的重点。背立面外墙大片生长的爬山虎曾是即温楼的一道风景，但由于墙体大部分被植被所覆盖，局部墙面发黑，墙体遭到不同程度的侵蚀。为此，修缮团队在征求有关文物保护专家的意见后，决定在不破坏墙体的前提下，对墙面植物进行清除。为避免清除绿植破坏外墙面灰缝，采用药剂注入植物根部的方法使其枯萎，再进行剔除，最后对墙面进行清洗维护，使修缮后的即温楼重新焕发靓丽光彩。

即温楼

即温楼

崇俭楼

嘉庚建筑修缮成效
允恭楼群

崇俭楼

CHONGJIAN BUILDING

崇俭楼的修缮始于 2015 年 5 月，
2015 年 9 月完工。

　　远观崇俭楼，最引人注目的是屋檐上的绿琉璃筒瓦。这种孔雀蓝的筒瓦，经数十年岁月洗礼，呈现出自然的色彩和历史的美感。此次修缮，将原筒瓦集中使用，同时专门定制了部分新筒瓦，将局部缺失补全。现在屋檐上一共有十二段瓦筒，有七段是新的，新瓦和旧瓦还是有一定的色差，希望时间能磨平这种差异。

　　崇俭楼的精巧还表现在翘脊上的彩绘花鸟，精美的花纹体现建造者高超的技艺。由于风吹雨打，燕尾脊上的花纹装饰褪色暗淡了。修缮团队从闽南地区找到能从事泥塑彩绘的老师傅对彩绘进行以保护为主的修复，脱落的部分进行适当增色。

　　修缮后的崇俭楼与重建的明良楼作为"姊妹楼"，以允恭楼为中心分立左右，遥相呼应，浑然天成，气势雄伟，蔚为壮观。

崇俭楼

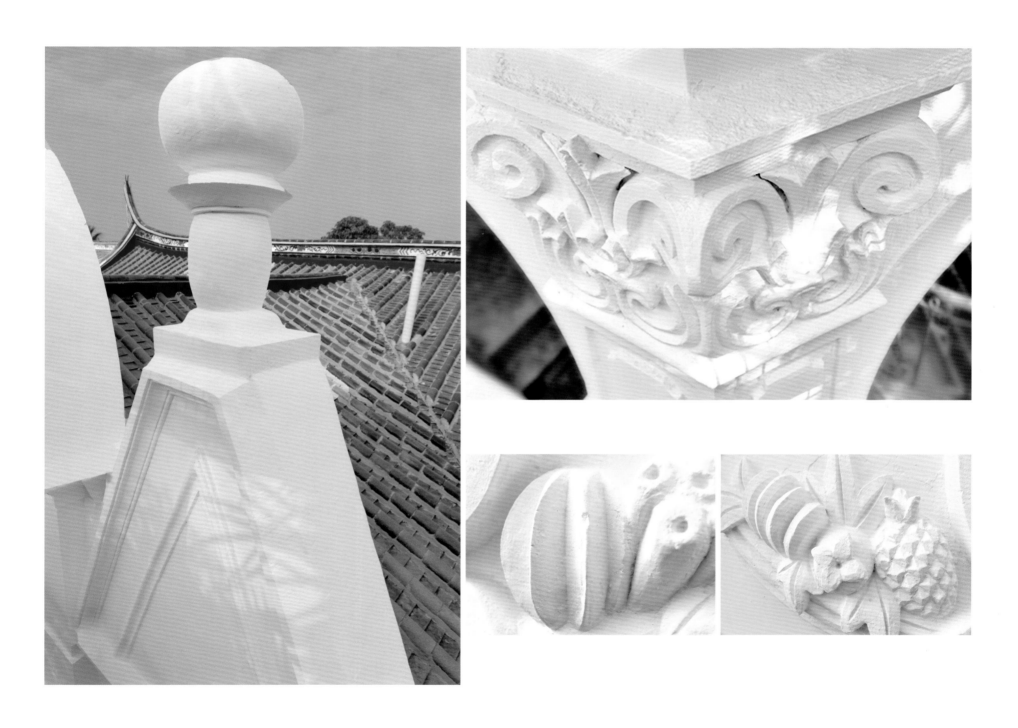

崇俭楼

克让楼

嘉庚建筑修缮成效
允恭楼群
克让楼

克让楼的修缮与崇俭楼同期进行，2015 年 1 月完工。

KERANG BUILDING

　　克让楼修建于 1952 年，鉴于当时建筑经费拮据，楼体外墙采用的是三合土制作的仿蘑菇石饰面。经过几十年风雨的冲刷，墙面大面积开裂破损、仿石面层脱落缺失。由于当时的三合土制作工艺已失传，修缮团队参照克让楼其余保存完好的仿蘑菇石饰面，通过制作模型、反复试验，尽可能复原仿蘑菇石面外墙，让修缮后的克让楼焕然一新，彰显出建筑的美观大方。

克让楼

克让楼

明良楼

MINGLIANG BUILDING

明良楼 2013 年按原样重建，于 2013 年 8 月完工，在"阔别"三十余载后"涅槃重生"、华丽回归。

　　按原样重建明良楼，摆在建设团队面前的首要问题就是要弄清楚"原样"。幸运的是，他们有与之相似的"姊妹楼"崇俭楼可以参考。

　　重建后的明良楼外墙面仍然采用清水砖砌成，虽然结构体系为框架结构，但要在柱子表面营造出清水砖的视觉效果，修缮团队采用水刀切割清水砖的办法，将清水砖有花纹的一面切割成厚度约 2 厘米的饰块，仅取用有黑色花纹的一面进行铺贴，以达到与立面的清水砖浑然一体的效果。

　　由于是重建，环绕于建筑立面的冰盘檐修复之难，一度使修缮团队无从下手，直到后来到泉州南安寻访求教老工匠，掌握了冰盘檐工艺，修复才得以进行，并在之后的修缮工作中得以推广。

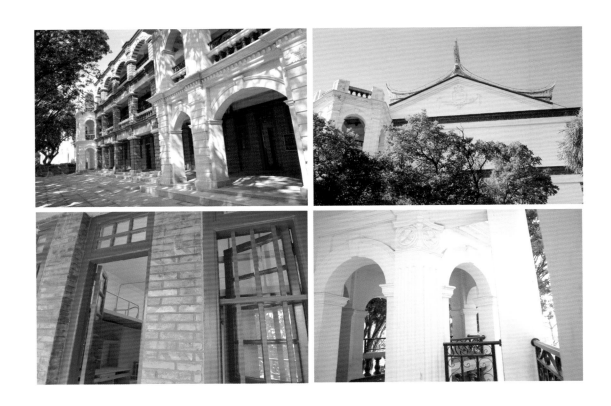

科学馆

SCIENCE MUSEUM

科学馆的修缮始于 2015 年 11 月，2017 年 6 月完工。

　　远观科学馆，最引人入胜的便是三层环绕于外檐的立面灰塑，但由于受自然风化影响，科学馆楼体侵蚀严重，原有的二三楼立面灰塑造型受损，发黑。为此，修缮团队邀请了华侨大学和学校美术学院的相关专家进行现场勘查评估，在尝试多种材料，进行多次试验之后，修缮团队终于找到科学合理的修缮方法，较理想地修复了楼体立面灰塑，重现泥塑栩栩如生的原有神态。

　　科学馆四五层为木质结构，五层屋面原为气象台，此次修缮按原样进行复原，但由于气象台相关仪器已无处找寻，仅保留原有的观测平台。

SOUTH WING, SCIENCE MUSEUM

科学馆南楼的修缮始于 2015 年 12 月，2016 年 5 月完工。

　　由于年久失修，外墙饰面褪色老化严重。修缮团队按照历史原貌进行恢复：正立面黄色拱形廊柱配绿色葫芦栏杆，其余三面为条面；外墙面配黄色蘑菇石面装饰柱、红色嘉庚瓦屋面、朱红色木结构外挑雨棚，修缮后极具美感。

THE NEW LIBRARY

受集美学校委员会委托，学校于 2015 年 12 月对集美图书馆新馆启动修缮，2017 年 6 月完工。

　　修竣后的图书馆新馆坡顶铺设嘉庚瓦，外墙为黄色，墙上的圆拱四方窗凸显古朴美。窗框简洁，线条细腻；上下提拉窗精巧美观，通风与采光并重。八扇大窗中央是青色琉璃瓦碎片镌刻的"图书馆"三个大字，不是名家题字，却另有风骨。

嘉庚建筑修缮成效
科学馆园区
军乐亭

MILITARY MUSIC
PRACTICE PAVILION

军乐亭曾经是集美学校军乐队练习和表演的场所，也是当时集美学村最受青睐的景点。
1959 年在超强台风中被毁，仅留基座。

2016 年学校复建军乐亭，2017 年落成。亭子周围环绕着十余棵高达二三十米的盆架子树，如众星拱月般守护着军乐亭，成为科学馆园区独特的景观。

军乐亭按原建筑形貌复建，仅存基座的处置是第一步。原有的亭子基座大部分尚存，为了更好地恢复原有基座样式，保留老建筑古朴的触感，修缮团队在拆除时对原有的石头加上编号并照相存档，再清洗保存，复建时"对号入座"，按原样摆置。亭子上部的三叠屋顶根据历史照片采用传统工艺复原，使复建后的军乐亭更显古朴精美。

2016 年 9 月，军乐亭在复建中再次遭遇"莫兰蒂"超强台风，环绕军乐亭的十余棵盆架子树倒了两棵，一棵倒向南，一棵倒向东，军乐亭在狂风暴雨中站稳"脚跟"，经受住了考验。

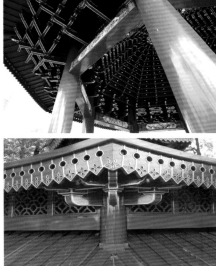

军乐亭

科学馆园区还有 十年代建设的教学楼、综合楼两幢现代建筑。为使校区 环境更加协调，综合体现嘉庚建筑的风貌，此次修缮同时对教学楼、综合楼进行外立面改造和内部修缮，清水砖、坡屋顶、葫芦瓶等特色元素在建筑外观上得到充分体现，修竣后的教学楼、综合楼与园区内其他嘉庚建筑互相呼应，协调一体。科学馆园区业已成为嘉庚建筑的精品园区。

教学楼

科学馆园区

诚毅楼

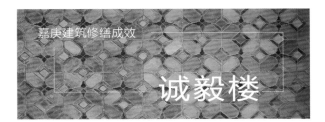

嘉庚建筑修缮成效

诚毅楼

CHENGYI BUILDING

诚毅楼修缮工程始于 2016 年 10 月，2017 年 9 月完工。

诚毅楼属市级文物保护单位，建筑整体保存较好，但历经沧桑，"伤病"缠身。为解决风雨侵蚀造成的屋面木架结构腐烂问题，修缮团队将损坏的木构件按不同残破程度予以复原重修，对无法回收利用的木构件，寻找年代、色泽相近的木料替换，局部换新，尽可能减少干预，保留原有建筑的历史风貌。

别具一格的"子母门窗"设计是诚毅楼与众不同之处。"子母门窗"的设计精巧美观，通风与采光兼具，但由于多年使用和不当维修，子母门窗大部分构件损坏，有的甚至被钉死。修缮团队通过多方找寻老配件，对室内外门窗进行细致的修复补配，恢复了原有的设计使用功能。

此次修缮还解决了诚毅楼没有卫生间的问题。修缮团队将诚毅楼南侧废弃的厕所拆除一半，别具匠心地将其外观改造成与诚毅楼风格一致的卫生间，用连廊将它与诚毅楼连接，浑然一体。

海通楼

海通楼

HAITONG BUILDING

海通楼修缮工程始于 2016 年 10 月，2017 年 9 月完工。

　　海通楼是最精美的嘉庚建筑之一，清水砖墙的造型极其精致。三楼以上的清水砖墙虽无造型，但走廊却有精美的海蛎壳墙裙。在历经一个甲子的风吹日晒后，墙裙已脱落残损。修缮团队历经多方寻找，终于在学校水产学院的海水养殖场找到同等类型、色度的海蛎壳，经加工调配后使用，修出与原造型相媲美的海蛎壳墙裙，再现其韵味与美感。

　　在本次修缮过程中，修缮团队还对建筑中曾经的不合理改造按原样进行了恢复。例如恢复楼梯的使用功能，解决部分卫生间设置不合理问题，恢复一楼阶梯教室被封堵的窗户，安装遮光窗帘，既解决课堂教学中的黑板反光问题，又较好地兼顾了历史建筑整体的原真性与功能的实用性。

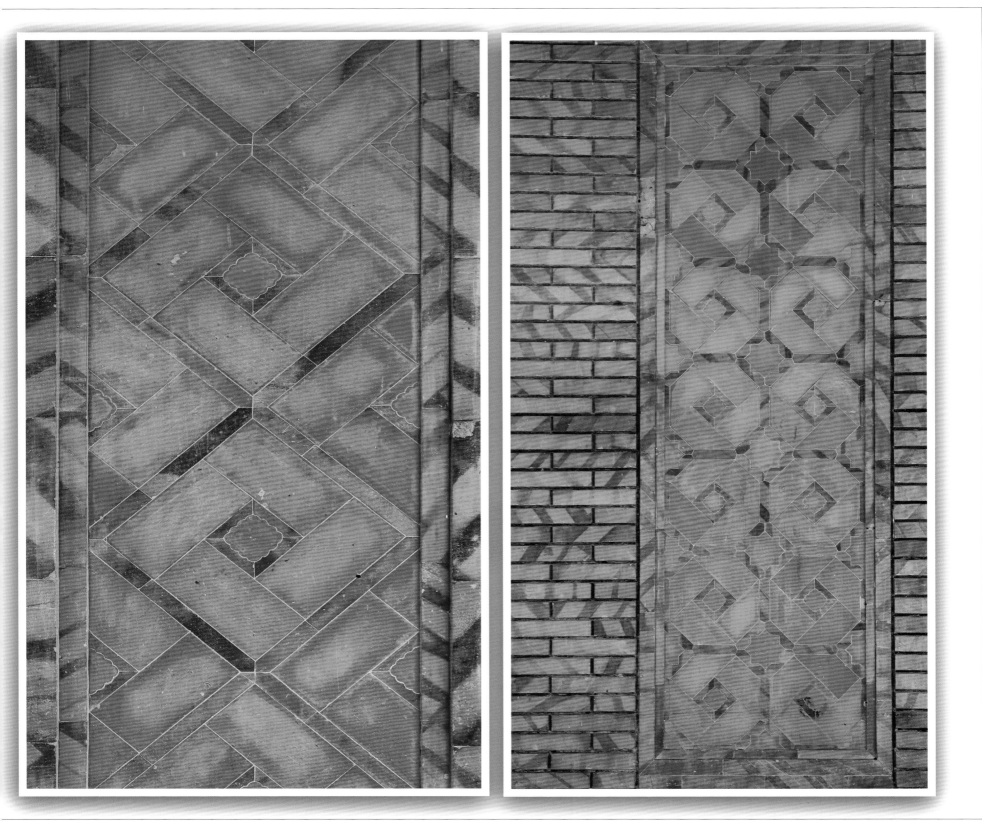

福东楼

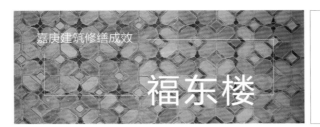

福东楼

福东楼修缮工程始于 2016 年 10 月，
2017 年 9 月修竣。

FUDONG BUILDING

福东楼四楼屋面与敦书楼相似，为中式琉璃瓦屋面。修缮团队对屋面琉璃瓦进行了修缮，拆除了四楼加建的雨棚和西南角一楼封堵拱券的砖墙以及影响外观的隔墙，拆除影响建筑风貌的空调机位，最大程度地恢复福东楼的原貌。

福东楼

航海俱乐部大楼

嘉庚建筑修缮成效

航海俱乐部

NAVIGATION CLUB

航海俱乐部大楼修缮工程始于 2015 年年底，2018 年 7 月完工。

航海俱乐部的走廊及屋面栏杆呈船锚形状，是航海俱乐部的一大特色。本次修缮根据原有栏杆的样式进行预制；航海俱乐部的外形像一艘大船，其三层、四层屋面面积大，本次修缮对屋面进行了绿化，"屋面花园"为师生提供了学习休憩的场所。

航海俱乐部大门南侧原有石台阶，二十世纪九十年代台阶被填埋，本次修缮恢复了南侧的石台阶。拾级而上，两旁壮硕挺拔的盆架子树如同卫兵守护着大楼，使大楼更显庄重威严。

航海俱乐部　　　　　航海俱乐部大楼南侧石台阶

航海俱乐部

集美大学的嘉庚建筑有着中西合璧的独特风貌和深刻丰富的文化内涵

「百年集大·嘉庚建筑」是一本凝聚着情怀的历史相册

也是一部融汇了百年历史沧桑和传承发展的故事书

薪火传承　盛世华章

INHERITORS OF TRADITION
A FLOURISHING NEW CHAPTER

集美大学新校区工程融合了西洋和中国传统风格，融合了园林、绘画、雕刻等多种艺术形式
闽南风味的燕尾脊，"嘉庚瓦"坡屋面，红色墙砖配以精雕细琢的石材墙面，西洋风格的窗套、窗楣，富有韵律的廊拱
形成鲜明独特的"嘉庚建筑"风格，在闽南、福建乃至全国独树一帜

Century-Old Jimei University　Tan Kah Kee Architecture　百年集大 嘉庚建筑

学校南门

一脉相承　气势恢宏
——集美大学新校区建设综述

2017年9月4日晚，中央电视台直播金砖国家领导人第九次会晤（厦门会晤）文艺晚会，集美大学新校区的夜景多次出现在电视屏幕中，给观众留下深刻印象，也令集大人倍感自豪。

集美大学合并组建以来，尤其是进入二十一世纪后，办学规模不断扩大，原有的校舍不敷使用，空间制约日益凸显，建设新校区势在必行。

1994年9月9日，省委主要领导在集美召开加快筹建集美大学座谈会，当场拍板划定900亩土地作为集大新校区建设用地，为集美大学的发展预留了空间。

为了实现学校的发展目标，拓展学校的发展空间，2003年学校在校长办公会、党委常委会上反复讨论建设新校区决策的可行性和实现的途径，在教代会上详细说明新校区建设的意义和资金来源的可靠性，并在2004年8月召开科学发展观专题研讨会，统一了全校中层干部的思想。经过各项民主程序，新校区建设取得广大教职工的大力支持。

省政府对集美大学新校区建设也非常重视，在省长亲自过问下，新校区建设立项获得省发改委顺利批准并支持1000万元先期启动资金，厦门市委市政府也拨付7000万元用于支持新校区建设，新校区建设工作顺利启动。

学校抓住有利时机，努力争取到银行贷款，科学调度资金，积极进行新校区建设。同时为了保证建设质量，采用代建制，经市建设局批准聘请厦门路桥建设集团有限公司作为代建单位，负责所有工程招标、现场管理，不仅提高了效率，保证了质量和工期，而且省去了很多麻烦。

新校区设计招标工作于2003年年初完成，11家国内外知名建设单位参加竞投，经过专家的层层选拔与审定，最终同济大学建筑设计研究院中标。设计方案中材料选择、颜色搭配、功能划分等元素的组合与运用最能体现"嘉庚建筑"的特色与内涵。

2005年，完成新校区可行性研究报告的编制及专家论证；完成土方回填及人工湖土方开挖；基本完成新校区主要道路、给排水管网、道路路基及水泥稳定层施工；15栋学生公寓顺利开工，完成桩基础及地下室底板的施工；文科大楼桩基础完成施工招标并进场施工；学生食堂及生活服务中心、综合教学楼、理科大楼、综合体育馆等项目完成施工图设计。2006年、2007年，新校区建设工程全面推进，2008年5月在内的包括文科、理科大楼、综合教学楼、体育馆、风雨操场、万人食堂，以及3幢17层高的学生公寓楼。

新校区建设得到了从中央到地方各级党委、政府的关心和支持，以及海内外校董对集美大学的无私奉献。集美大学校董会副主席、被誉为"嘉庚精神 尚大情怀"的李尚大对发展壮大嘉庚先生的教育事业始终怀有强烈的责任感，他倾力捐资兴学，在集美大学的捐款超过2200万元；李陆大、庄汉水、王景祺、李光前、庄重文的后人等以各种方式支持新校区的建设，陈永栽、吕振万、陈守仁、陈金烈、

陈仲昇、吴端景、庄炳生、蔡良平等常务校董也都捐资支持新校区建设。新校区一幢幢气势恢宏的现代化建筑就如同一座座丰碑，成为集大人对校董、校友们的永恒纪念。

　　新校区的建成不仅是学校空间的拓展，更意味着教学质量、教学功能的全面提升。学校面貌大为改观，为可持续发展奠定了良好的基础。

　　2009 年，由中国建筑业协会和十一家行业建设协会在全国范围内联合评选具有鲜明的时代特征和民族风貌、能够代表新中国成立六十年来辉煌建设成就、为国民经济发展和人民生活水平提高发挥了重大作用的建设工程，集美大学新校区工程作为"体现地方特色的区域经典建筑"，与北京天安门广场建筑群、长江三峡水利枢纽工程、中国载人航天发射场工程、青藏铁路等重大工程一同光荣入选新中国成立六十周年"百项经典暨精品工程"。它也是全国唯一入选的高校建筑。在颁奖发布会上，专家给予高度评价："该工程融合了西洋和中国传统风格，融合了园林、绘画、雕刻等多种艺术形式，闽南风味的燕尾脊、'嘉庚瓦'坡屋面，红色墙砖配以精雕细琢的石材墙面，西洋风格的窗套、窗楣，富有韵律的廊拱，形成鲜明独特的'嘉庚建筑'风格，在闽南、福建乃至全国独树一帜。"拥有深厚人文底蕴和鲜明地域特色的嘉庚建筑风格，是新校区得以从全国数不胜数的优秀建筑工程中脱颖而出、成功入选的决定因素。

中山纪念楼和光前体育馆

月明楼（学生活动中心）

学校新校区

经典之作　盛世华章
——集美大学新校区建筑风采

集美大学新校区位于厦门市集美区银江路西侧、高速公路田集连接线东侧，占地1100亩，校舍总面积60万平方米，规划建设了文科大楼、理科大楼、综合教学楼、综合体育馆、风雨操场、学生公寓、学生食堂、学生活动中心等各类用房。这些建筑从南到北绵延两公里多，气势恢宏，以浓烈的砖红色作为主色调，在碧海蓝天的辉映下显得格外壮观，呈巨鸟展翅凌云之势的坡屋顶使之更显秀丽、俊伟。

2003年年初，在集美大学新校区建设伊始，学校就明确新校区建设要继承和创新嘉庚建筑特色，努力把校园建设成集美学村靓丽的文化景点。

在新校区的建筑设计方案最后的审定阶段，由同济大学建筑设计研究院设计的"嘉庚风格"方案一标中的。究其原因，就在于该方案继承和发扬"嘉庚建筑"特色，设计方案中材料选择、颜色搭配、功能划分等元素的组合与运用最能体现"嘉庚建筑"的特色与内涵。嘉庚瓦、燕尾脊、红砖墙、坡屋顶、三重檐和两重檐、"出砖入石"工艺——这些人们熟悉的嘉庚建筑元素、符号，运用在新校区里的每一幢建筑上，与现代工艺完美结合，显得更丰富、更大气，更符合新时代高校的需求。

当时负责新校区设计的同济大学建筑设计研究院认为，教育建筑设计应着重考虑地域文化和校园历史在新建筑中的延续。不仅要考虑建筑风貌上的协调，更要考虑嘉庚建筑本身是有文脉相传的，设计要尊重历史和人文环境，"我们要让到过集美学村的人，在新校区里一眼就能看出历史的脉络和延续"，正是基于这一理念，在设计新校区时，设计团队把具有闽南风味的燕尾脊、"嘉庚瓦"坡屋面、红色墙砖和西洋风格的窗套、窗楣、富有韵律的廊拱等运用了进去。

在对嘉庚建筑风格的理解和把握上，设计团队认为，"嘉庚建筑具有中西合璧、洋为中用的特点，在中国建筑学上自成一派，它上部汲取闽南民居的形态和特色，下部则采用西化处理的手段"，在他们看来，"嘉庚建筑风格归根结底是在中西合璧的前提下，不断地推陈出新。嘉庚建筑本身就是一直在变化发展的。因此设计如果完全照搬传统嘉庚建筑的形式和特征，反而会背离嘉庚风格"。因而，新校区建筑群设计的独到之处在于，继承了嘉庚建筑风格，又突破创新，通过细节的变化，融入现代的时尚元素，使建筑显得更灵动、更丰富，与环境更协调。

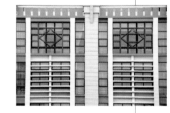

如今，当年设计图纸上的建筑都已跃然眼前。顶着红瓦燕尾"盖头"的主校门大气雅致，两侧的回廊内仿古漆柱与镂空窗花相得益彰；二十四层高的尚大楼巍然屹立，白色线条从楼顶倾泻而下，极富动感，充满韵律；陈延奎图书馆雍容大气，红瓦双坡的屋顶典雅肃穆，三重檐错落有致，高扬的燕尾脊振翅欲飞……新校区吸纳古今中外优秀建筑特色，结合闽南传统建筑文化，形成独具魅力的嘉庚风格，以其中西合璧、古朴大气、庄重恢宏征服了每一位走进新校区的人。

漫步在集美大学新校区里，仔细观察便不难发现，新校区每座校舍的屋顶都与传统红瓦燕尾屋顶有所不同，进行镂空处理；"出砖入石"的工艺也不单体现为石柱上的砖与石的变化，而是以整面砖红色的墙体为背景，点缀灰色的砖石。走在教学楼，到处都可以见到现代时尚的落地窗与仿古烤瓷雕花的古今组合。落地玻璃窗中映衬着颇具现代感的回旋楼梯，这对现代组合旁边则是考究的雕花镂空窗，从花型的镂空中能窥见用玻璃与铁艺打造出的欧式田园风格的镂窗。嘉庚建筑风格在新校区得到别样的演绎。

除了外在的建筑符号，从新校区的建筑物上，我们更看到内在的传承和延续，感受到历史的厚重和光辉。建筑、园林专家陈从周教授曾指出，"陈嘉庚先生思想和艺术境界的主导构思是乡情、国思跃然其建筑物上"。从巍然屹立的尚大楼下经过，从典雅肃穆的陈延奎图书馆中进出，在人工湖碧水之上的"勿忘亭"中休憩——人们依然可以强烈地感受到这种乡情、国思。在这里，有多元文化兼容的创新实践，有追求人与自然和谐的空间构成，更有"诚毅"、爱国的思想品格的生动展现。集美大学新校区的建筑已成为嘉庚精神的新载体，成为新时代嘉庚精神的具象化。

白鹭保护区

新校区建筑

陈章辉楼

美岭楼

尚大楼

禹洲楼

建发楼

陈延奎图书馆

庄汉水楼

陆大楼

建安楼

吕振万楼

光前体育馆

弘毅楼　道远楼

新校区建筑

端景楼　锦霞楼

中山纪念楼

庄重文夫人体育中心

材壂膳厅

三栋高层学生公寓集友楼

月明楼

集美大学的嘉庚建筑有着中西合璧的独特风貌和深刻丰富的文化内涵

「百年集大·嘉庚建筑」是一本凝聚着情怀的历史相册

也是一部融汇了百年历史沧桑和传承发展的故事书

陈嘉庚建筑思想辑录

COMPILATION OF TAN KAH KEE'S ARCHITECTURE CONCEPTS

陈嘉庚一生倾资兴学，为祖国特别是家乡福建教育事业的发展做出重大贡献
为集美各学校和厦门大学投入巨资建设数十万平方米的校舍和较为完善的附属设施，奠定了学校发展的坚实基础
在创办学校、兴建校舍的过程中，他或亲自主持，或作具体指导
在他的著述和书信中有大量关于校园规划和校舍建设所涉及的方方面面的内容
有阐明意旨、下达指示，有了解情况、指挥部署，有许多精辟独到的见解，反映了他的建筑思想和理念

Century-Old Jimei University · Tan Kah Kee Architecture　百年集大 嘉庚建筑

陈嘉庚建筑思想辑录

COMPILATION OF TAN KAH KEE'S ARCHITECTURE CONCEPTS

【填池为校址】

1912 年秋，陈嘉庚回到家乡集美，"决意建筑集美小学校舍。然集美乡住宅稠密，乏地可建，且地形为半岛，三面环海，田园收获不足供两个月粮食，村外公私坟墓如鳞，加以风水迷信甚深，虽欲建于村外亦不可得。幸余住宅前村外之西有大鱼池一口，面积数十亩，系昔从海滩围堤而成。乃以二千元向各股主收买，作集美校业。从池之四围开深沟，将泥土移填池中，作校址及操场，高五六尺，俾池水涨时，免被侵及。即鸠工建筑校舍，可容学生七班，及其他应需各室。夏间完竣，全校移入"。

（《南侨回忆录》陈嘉庚著 中国华侨出版社 2014 年 9 月出版 第 12 页）

【临海不宜建筑，恐碍观瞻】

1918 年集美师范及中学开办，"课室校址从鱼池地小学校舍后方及左右起盖，礼堂膳厅宿舍操场等，购鱼池后田地，填筑兴建。自此之后，所有以前风水迷信及居奇阻挠各事概已消泯。凡学校所需地皮，比通常地价加倍给还，公私坟墓亦然，且酌贴迁移等费。故初时校舍多建在低田卑地，而后来则概在坡上。东与集美乡村毗连，西与岑头郭厝二村相近，北多田地尚可扩充，南虽有坡地，然临海，不宜建筑，恐碍观瞻"。

（《南侨回忆录》陈嘉庚著 中国华侨出版社 2014 年 9 月出版 第 13 页）

【校址问题乃创办首要】

1919 年"夏余回梓，念邻省如广东江浙公私大学林立，医学校亦不少，闽省千余万人，公私立大学未有一所，不但专门人才短少，而中等教师亦无处可造就。乃决意倡办厦门大学，认捐开办费一百万元，作两年开销，复认捐经常费三百万元，作十二年支出，每年二十五万元。并拟于开办两年后，略具规模时，即向南洋富侨募捐巨款。窃度闽侨在南洋资财千万元，及数百万元者有许多人，

至于数十万元者更屈指难数，欲募数百万元基金，或年募三几十万元经费，料无难事。而校址问题乃创办首要；校址当以厦门为最宜，而厦门地方尤以演武场附近山麓最佳，背山面海，坐北向南，风景秀美，地场广大。唯除演武场外，公私坟墓密如鱼鳞。厦门虽居闽省南方，然与南洋关系密切，而南洋侨胞子弟多住厦门附近，以此而言，则厦门乃居适中地位，将来学生众多，大学地址必须广大，备以后之扩充。然政府未必肯给全场地址，故拟向政府请求拨演武场四分之一为校址，乃在厦门开会发表此事"。

（《南侨回忆录》陈嘉庚著 中国华侨出版社 2014 年 9 月出版 第 20 页）

【品字形校舍多占地，改为一字形】

政府既许拨演武场四分一为大学校址，乃托上海美国技师绘校舍图。其图式每三座作品字形，谓必须如此方不失美观，极力如是主张。然余则不赞成品字形校舍，以其多占演武场地位，妨碍将来运动会或纪念日大会之用，故将图中品字形改为一字形，中座背倚五老山，南向南太武高峰，民十年五月九日国耻纪念日奠基。

（《南侨回忆录》陈嘉庚著 中国华侨出版社 2014 年 9 月出版 第 20 页）

【就地开石取材及坟墓迁移策略】

演武场"左右近处及后方坟墓石块不少，大者高十余尺，围数十尺，余乃命石工开取作校舍基址及筑墙之需，不但坚固且亦美观。而墓主多人来交涉，谓该石风水天成，各有名称云云，迷信之深难以言喻。余则婉言解释，至不得已则暂停工以顺其意，迨彼去后立再动工，因石众多，两三天大半都已破坏，虽再来交涉亦莫可如何，愤然回去。数月后拟再建其他校舍，不得不迁移坟墓为屋址，乃将演武场后诸公私冢墓，立碑标明，限日迁移，并在厦门登各日报，如不自动迁移，本大学则为代迁，并规定津贴迁移费。且在数里外之山腰买一段空地，备作移葬地位。从此顺序进行，依

限自迁或代迁，绝不致再发生交涉，或其他事故矣"。

（《南侨回忆录》陈嘉庚著 中国华侨出版社 2014 年 9 月出版 第 21 页）

【校界之划定须费远虑】

教育事业原无止境，以吾闽及南洋华侨人民之众，将来发展无量，百年树人基本伟大，更不待言，故校界之划定须费远虑，西既迫近乡村，南又临海，此两方面已无扩展可能。北虽高山，若开辟车路，建师生住宅，可作许多层级由下而上，清爽美观，至于东向方面，虽多阜陵起伏，然地势不高，全面可以建筑，颇为适宜。计西自许家村，东至胡里山炮台，北自五老山，南至海边，统计面积约二千亩，大都为不毛之公共山地，概当归入厦大校界。唯南普陀佛寺或仍留存，或兼作校园，至寺前田地，厦大需用时，则估值收买之。厦门港阔水深，数万吨巨轮出入便利，为我国沿海各省之冠。将来闽省铁路通达，矿产农工各业兴盛，厦门必发展为更繁盛之商埠，为闽赣两省唯一出口。又如造船厂修船厂及大小船坞，亦当林立不亚于沿海他省。凡川走南洋欧美及本国东北洋轮船，出入厦门者概当由厦大门前经过，至于山海风景之秀美，更毋庸多赘。日后如或私人向任何方面购买上节所言校界范围山地，建私人住宅，则当禁止或没收之，以免互相效尤，因私误公也。

（《南侨回忆录》陈嘉庚著 中国华侨出版社 2014 年 9 月出版 第 21 页）

【群贤、集美、同安三楼不宜用倒吊枋，概盖瓦筒经用】

来书云林校长告左右中三座（群贤楼、集美楼、同安楼）三楼均要用倒吊枋（天花板）一事，此节弟甚不解，三座除礼堂用洋瓦应用倒吊枋合宜。若其他概盖瓦筒经用，仰砖先安于底，无论仰视及清洁，实不逊于加用倒吊枋。乃无故而必加此条之费，按每方尺当加 2 角，三座除礼堂外，凡经盖砖之屋顶，尚有 1 万 6 千方尺，当加费 3 千 2 万元。集美校舍凡盖仰（砖）之屋，亦未有加倒吊枋之必要。现四州府之新舍条例，政府概不许用倒吊枋，为其有碍卫生。弟前日往各分栈，见所租之新屋，均无倒吊枋。迨查之方知示禁，况既有仰砖以代倒吊（枋），而复加枋之费，故不赞成。琢石司（师傅）之事，无论何人。

（致陈廷庭函·1922 年 5 月 2 日）

【无为之费，一文宜惜；正当之用，千金慷慨】

本校宗旨，对内抱无穷之责任，对外负无限之鼓吹，安可不一鼓以作气。虽为社会守财，无力之费，一文宜惜，正当之消，千金慷慨。同志如先生，毋庸多赘。

（致叶渊函·1922 年 6 月 11 日）

【聘请工程师因种种原因"艰于实行"，要再建之事，其地位应与诸君斟酌，外观可仿厦大之图式】

来示云，或云集、厦两地（集美、厦大两校）年费二十余万元之款于建筑，而无雇一工（程）师，甚为缺点，宜托汪君精卫向广东聘一位。月薪不过二三百元，询弟可否。窃此事实属至要。前年之未用，悔恨已迟，所以然者，亦有多未洽之处。如云广东觅聘，恐未必妥。盖该处未有专门之才，何能承吾斯任。所有者，如厦市政之周某（指时任厦门工程处主任），坐费月以万计，见益何在，足为车鉴。若聘西人，如乏经验及好人，则无益反损。若完备之人，月非七八百元不来。不宁唯是，其用工料与我亦多不同，或者建筑费须加一倍亦意中事，此亦我之不能从也。若在新加坡觅东方种人归其事亦同，是以艰于实行。至集校所失之点，在乎屋身地位安置不善，初因规模细小，未思及大，后因乏与诸君研究等失耳。若恐建筑之不坚固，用料之不称是，则可免介及。至于间格之大小与合用，属之校长、教员计划用途，虽工程师亦当请命于实用之人。兹以工师难聘之时，要再建之事，其地位若经过先生等斟酌，料不致复蹈前失。至于间格与大小免重赘，唯美术外观，若照厦大之图式，间间一样，以为不取华丽，但取朴素与一律。弟意仿其式建之为是。或参考我已建之式，约略相似，抑或全与彼同式，料无再错。厦大之屋图，几如此间之栈房。前该绘师云，是意大利式。如照渠之料及内部用料，至少每方尺建费须十二三元，而我自建，图式无差。所差者，内部之料，计建费每尺约五六元，可省大半。彼可支持二百年，我亦可支持百余年。使五十年，权其利益与财力，不待智者而后知。

（致叶渊函·1922 年 6 月 18 日）

【工程计划当以新年招生为依据，迁家须提前半年实行】

此后之工程，当以新年招生为解决。如春季定招生，则第五座与附属舍应赶应之；如不招生，则该舍须待秋季招生方有用，我可免赶建，唯有按部就班，酌少工人，庶免多垫银关，亦一要事……（照招新生）二百名核计，除第五座舍外，再欠宿舍若干，故前函告请官迁家之缘由，事虽待新年实行，而迁家不得不先半年宣布与实行，抑或从澳仔旧屋可以租用，而免新建乎……弟主意对厦大进行事件，实无偏减于集美，且有进者，理宜积极前行，土木大兴，方称我愿。无如商况太劣，入息有限，加以同志乏人，是以不得不缩少。

（致陈廷庭函·1922 年 8 月 17 日）

陈嘉庚在创力学校、兴建校舍的过程中，有许多精辟独到的见解，反映了他的建筑思想和理念。

【请寄建筑规划全景图，悬挂左右，以激励达我目的】

一，前毛惠所绘厦大大张全图，宏伟大观。现校舍虽未及百分之五，而悬左右，以期达我目的。可嘱师生仿绘成十张寄来（伊所绘各图多品字形，然现成之舍不同，应改妥之）。二，群贤楼告竣，可再雇美璋（照相馆）拍全校已成未成之校舍，如看好者，可付来三打，以便分悬各埠分行。近间集校付来校友会拍照，为美璋新式拍照机所制，甚雅观，唯屋上拍不完备，最为缺点，厦大要拍时切戒之。

（致陈延庭函 · 1922 年 11 月 11 日）

【再建之膳厅、厕池，可较前稍加修饰】

现下再建之膳堂、厕池，弟意当比东部之前建稍加修饰，如厕位并地面砖，可加开数百元买花砖铺。又如浴室亦然。此事可告校长。花砖从此买寄。至筹备新春建筑工程，经详之校长信内，须如何乃能达到工众足额之目的，此事宜召集多主工头，详论能否办到，方略有把握。

（致陈延庭函 · 1922 年 12 月 3 日）

【征地迁坟宜就近请官出一通告，而本校立即树界，限日迫迁。科学实验室与仪器为第一要切】

数月前函告赶办，不图今日总无把握。盖官厅平时作事迟滞，我若无半行强取之法，而官厅实靠不比，况旧官多去耳。来书云征求省议长与省长等事，料均鞭长莫及，不如就近请官出一通告，而本校立即树界，限日迫迁，他如不迁，我可自迁之，如此办法，方得实效也。若上言之法办不到者，如用财与人争买之切切不可行。不唯费许多财，且弄出后人奢望之心。弟意唯有在现校舍后择地建筑……以弟鄙见，如科学仪器实验室建于该处（打石工厂之地）或可不错，学生寄宿舍亦不错，若教员住宅以及医科解剖与微菌学等或不合建于该处也。来书云上半年之预算，科学实验室暂议不建，按四万元先建教员住宅，如此则教员之住宅当比实验室为重可知。兹者认款加多，教员室与科学实验室，当并重而齐建之。唯地位问题如之他处合宜之地可建教员室者，不得已亦当建于校舍后之处，但是勿建正式之教员住宅，宜建如学生宿舍多房间之屋，为要待日后得合宜之地为教员建正式之住宅然后迁之，将此处还为学生合用之宿舍是也……此后力能办到者或依次设备之：第一切要科学实验室与仪器。第二之设备为医科解剖学、微菌学。第三便是工科。以上三事，由新正（新年）起手进行，期两年至三年设备完竣。如此则我厦大庶不负空名，若言进步，亦不至如何迟滞也。

（致陈延庭函 · 1922 年 12 月 26 日）

【美术院如须另建，以独立为宜】

至于美术院，前闻先生不拟设于科学馆之三楼上，未悉因不足布置，或三层不合，如须另建，以独立为宜者，弟亦赞成。

（致叶渊函 · 1923 年 1 月 26 日）

【礼堂未建前，开全校会可在膳厅。本校将来应改为大学，集美宜办农林科】

缘礼堂要建容三千人，至少当五万元，然不出两三年又告乏矣。宜待加一两年建一可容五六千人或七八千人，许时视财力打算。如生理（经营）与胶价顺手，或者该堂可拟一极堂皇之式建，费至三几十万元，尤为所愿。目下宜暂屈一步。至开会时，如须集全校生者，则师范膳厅座位可容二千余人也。

本校将来应改为大学，其理由不在规模之广，而在对内对外可期有益无损，与宗教人之但张其名誉者不同耳。教育部章，如专办一科，亦可称为大学。大学中之科最省之费，年花不上万元亦有可办者。总我决不如是主张，当除厦大办不到之科而由本校承办，并助吾闽各科学之完备也。其科则如农林科或农科，厦大迫于地势，当然就地不能办此科。若我大陆之集美，平田虽乏，若作试场，就同安辖内，要千百亩之地，无难立置。未悉先生以为何如？他日应再添别科，亦意中事。唯目下应办不雷同于厦大是也。如荷赞同，则秋季宜先办甲种农业为基础，至于实行发表改为大学者，拟于何年由先生自定之。

（致叶渊函 · 1923 年 1 月 27 日）

【要取各山地，非四分借官势、六分我强迁之，不可得。校舍改横为纵之举，绝不赞成。教员住宅如有余地者门前应留院子、二楼应留"五脚气"】

新建筑之地位，现尚乏把握。然要取各山地，非十分中四分借官势，六分我强迫或强迁之，终无一日可得也。至云四分借官势者，不过求官得一纸告示足矣。官既许我，则我便可为所欲为矣。盖限定日子，伊如不迁，我可代迁之，彼实无如我何。因武力不能强于我，诉讼不能施之我，如取石然。且初时取石之事，官尚不敢出一告示，而我强自为之，总是我问心无愧，何妨也。今日厦地，亦为厦大之需要，除非用此手段，当然不可得。此事自数月前已详言之，望再商校长积极进行，目的乃可达到，否则无益也。至出于不得已时，拟建校舍后之地，其议决以改横为难，窃改横为纵之举，弟绝对不敢赞成。夫毛惠绘师之品字形者，亦有一种之美术，若今日之改横为纵，则品字反背矣。盖屋前左右各一座，乃毛惠之绘式，而决非屋后亦可左右两座也。美术既不成，方向亦失利，缘西照最烈，失南方之益，故不能赞同之理由，未悉校长以为何如……新欠者教室与教员住宅，

陈嘉庚在创办学校、兴建校舍的过程中，有许多精辟独到的见解，反映了他的建筑思想和理念。

如能由新正（指农历新年正月）赶建教员住宅，准秋季完工，请教员可移居新宅，则教室不患无着也。绘来教员住宅之图，前面无围墙，二层无"五脚气"（直译自英文 five feet base 一词，意指临街有骑楼的店铺或住宅，因法规规定，廊宽都是五英尺），恐不甚适安。如有余地者门前各间应加围墙十余尺，俾可栽花布雅，而二层楼前面，应如楼下留骑楼八尺为要。来图楼下过巷五尺，若除楼梯至减三尺，仅存可过路二尺，未免太狭乎。

（致陈延庭函 ·1923 年 2 月 3 日）

【论集美山势，凡大操场以前之地，均不宜建筑】

集美校舍建筑之大误，其原因不出两项，（一）六七年前，既乏现财力，故无现思想；（二）愚拙寡闻见，不晓关碍美术山水而妄白堆建。迨至后来，悔恨无已。论集美山势，凡大操场以前之地，均不宜建筑，宜分建两边近山之处，俾从海口看入，直达内头社边之大礼堂，而从大礼堂看出，面海无塞。大操场、大游泳池居中，教室数十座左右立，方不失此美丽秀雅之山水。先生亦知此误，唯无术可移耳。再后复建师范饭厅，其失错亦甚。因阻塞岗下天然曲折之纵观，每念他日移之别处，损失不出数千元工资而已。至于师范部之教室、礼堂、宿舍，或者他日有力时，亦当移之，庶免长为抱恨也。

（致叶渊函 ·1923 年 2 月 28 日）

【教员住宅应与校舍绝无相犯】

教员住宅，如岑头社前近乏相当之地。若按此三两年需要，不如取建筑部与木工场后面诸山地，依其山势坐东向西，亦属美观，将来与校舍绝无相犯。且先建一排，他年可更建后排，再后另辟一区，建为模范村，以作久计。况车路已通，何妨数里为遥。

（致叶渊函 ·1923 年 2 月 28 日）

【计划集美全部宜以大学规模宏伟之气象】

故今日计划集美全部，宜以大学规模宏伟之气象，按二十年内，扩充校界至印斗山。建中央大礼堂于内头社边南向之佳地。故凡礼堂近处能顾见之环境，当无加入住宅之问题，了无疑义。东隅虽失，尚可冀收于桑榆，况前车作鉴，尤希慎重之慎重。师范校舍，他日果实能移去，按损失工料不出十万八万元，我何惜此而贻无穷之憾。若我不移，他日后人或拘于前人之艰难手创，更不能移。岂非永屈山水助雅之失真者乎！未悉先生以为何如耶？

（致叶渊函 ·1923 年 2 月 28 日）

【女师之山岗不得已作"囗"字形，今后其东、西、北三方面可续建似外护者供应】

女师之山岗（今财经学院尚忠楼群所在地）亦雅。若专务美观，则当建造三数座独立之校舍为配合。无如容人不多，其他种种附属各舍比教室为多，将安于何地，故不得不建作"囗"字形。虽完建，容客生（外地寄宿生）不上五六百名，尤非所愿。弟之希望二十年内可容女生千余二千名，而"囗"字形舍之东、西、北三方面可续建似外护者供应。况后人之继吾志者，恐又形地小之叹矣。先生未知弟望过奢，故拟建该处。接息后，定表同情也。

（致叶渊函 ·1923 年 2 月 28 日）

【男师、女师、中实（中学实业部）三部，宜俱分岗而立。大学亦自占一方】

男师范部之地位，当如来示于大操场西北之小岗，连续至内头社口。地方颇大，惟建舍方向非一。他日建法，如无专门家可计划，必请先生与各教员详审然后可。若实业部不宜加入此山，宜从中校部而进，地位亦大也。至于大学校舍之地址，弟意非内头社后，则许居社后诸近处，另独立山岗，建较美观座座独立之校舍。凡寄宿舍另建于一边，以界限之。如是，则男师、女师、中实（中学实业部）三部，俱分岗而立。大学亦自占一方，未悉合否？最好如有真正美术家，雇到校中数月，测量全部之高低，造一全境之模型，及路舍之安排，庶免再误。虽费万元亦不惜。未知有无等人，设有者，恐系外国人，月虽千元未必肯来。但恐肯来之人，其术无真。弟前到岭南学校，见其模型，系校中两教员之手造。未审厦大有无等手，或意待觅亦可。

（致叶渊函 ·1923 年 2 月 28 日）

【池不必正，善布景者还用工力造其屈曲岛屿】

鱼池岸应当迁移。来示以任移亦难正，故主张不移。若弟意，池不必正，有善布景之围池园，用工力造其屈曲岛屿。兹我因池小，路又不接池，故拟移之。如恐与美术有关，暂待有美术家到划定，然后移亦好也。

（致叶渊函 ·1923 年 2 月 28 日）

【教员住宅不建则已，要建必期合用及长久，且与校舍略可配合，亦好作模范舍】

教员住宅之建于何处，总是屋式不甚增差。如来图一房一厅仅二丈两尺，屋既小，而住楼上之人，上落必经楼下之厅房则不妥。走廊四尺亦嫌太小。然不建则已，要建必期合用及长久，且与校舍略可配合，亦好作模范舍。故弟从背面纸亦绘平面图夹回。系照此间政府审定住宅新法。至前之花园，如有地可加长些。若后之天井有地，亦可加长些。"五脚气"留八尺，亦有至十尺者，最合休息之佳地位。每间有楼之屋身，长三丈八尺，阔一丈七尺，共六百四十六尺。前后有楼与无楼四百零八尺，合计一千零五十四尺。若有楼者每尺按建费四元，余者二元，即三千四百左右。若一连多间，可省多少，或三千元可得来。筑屋之事，多按未准（估计不准），如厦大现建之一部，前按二十万元为有楼者，每方尺五元，无楼一元半。迨至将竣，非三十万元不成。先生按千余元，虽间格较小，恐亦不足也。

（致叶渊函·1923年2月28日）

【云路伸出许多，恐乏力承载，须于云路下造相当之拱仔以承载之】

前日金凤寄来现建中校舍图（指允恭楼），其中仿鼓浪屿林家之宅建一半圆形骑楼，而尾层楼加建一亭。弟意亭盖之下之云路，可伸出二尺外至三尺。然伸出许多，恐乏力承载，须于云路下造相当之拱仔以承载之。其拱仔约二尺或二尺半，抑一尺半造一枝。拱仔须涂白灰为好看。弟见有一屋如是建法甚雅观。又如屋顶盖洋瓦，其屋脊如嫌不雅观，可造华式屋脊，仍盖洋瓦。

（致叶渊函·1923年2月28日）

【工头若分管两处，则两失矣】

来示云拟召林论司来帮建一事，切切不可。林工头如自管一方，或略可称职，若分管两处，则两失矣。况厦大用石，非其工头不可。彼既分心，不唯厦大失利对集校亦不利，祈另觅他工头，为幸。

（致叶渊函·1923年2月28日）

【各科及他项之计划，至多先以五年为定，以省诸费。楼房上下层高比例不合，害雅观】

昨接到二月十二日手书，已悉。内夹三张草图，系拟建图书馆与教员住所之下间，然应先营何项之屋，祈与校长计划，弟均赞成。如来图所云，预按十年之用，而信示则云，经校长改作五年，云云。余意见：各科及他项之计划，至多先以五年为定。若五年内未用许多，虽作三年亦可，到时再作打算，以省诸费，并计划可兼别用之室。因我现下利权未定。若厦大之福，入息有加，则立可变更扩充，庶免前功有碍。至三楼，下高十五尺，楼上高十尺，当然不合。盖上层之减下层不合，差五尺多，定失配合之程序，而害雅观，如下层一丈五尺，上层至少须一丈二尺，方配得过。此后建筑，切记为仰。

（致陈延庭函·1923年3月4日）

【建筑问题，经济为第一要义，必先打算】

美术家告我，改洋式为华式，切不可从。盖经济问题为第一要义，必先打算。若厦大之屋，屋上必用采瓦，虽建华式，将来加费不少。而大间屋亦难建，且美术亦当有好歹兼配。而事实上，屋上大落之顶如何盖许重瓦乎？故弟不便赞成，尤希代请校长勿因一二人之毁誉而轻改之，为荷。

（致陈延庭函·1923年3月4日）

【迁家之事切切用强硬手段迫迁之，万万不可误听人求，误作情面，亦万万不可恐获罪幽明，或误损阴德之畏缩】

接到客月廿日手书，已悉。实行家之事已得手无阻，慰甚，幸甚！然此事弟早度我只可进行无阻，故客岁屡屡陈之。盖常情之阻我者，不出武力、官厅两问题耳。试思诸坟主非乡村社里，有蛮野团结或阖族感情用武力来对待，不过散沙有余，十坟十姓及素居商市，软弱质性，绝无武力可言，了无疑义也。至于官厅，更不足道。盖彼不能代我极力办理，安有反代坟主来干涉之事？亦无问题。弟是以决意进行，对于取石迁墓，咸抱此旨。故客年之函亦以是而劝行之也。兹无论如何，切切用强硬手势如破竹。现既鼓勇前进，万万不可误听人求，误作情面，则再后千坟万塚，段迫迁之。彼如不迁，我可代迁。如行军之攻垒，若第一界线已破，则寸步难进矣。亦万万不可恐获罪幽明，或误损阴德之畏缩。如崎头山等实行迁改，则他处之坟，更可为所欲为。若该处被阻，则无处可为矣。厦大关系我国之前途至大，他日国家兴隆，冀居首功之位，而目下辛苦经营，负此重任，别无他人，唯林校长与宗兄及第三人耳。弟远处南洋，林君或尚细心，若专负此责者，宗兄务克承认，毅力勇为，可进尺而不可退寸。勉之，勉之。

（致陈延庭函·1923年4月3日）

【万万不可轻听外言，要建千年不坏之屋。余又料不出二三十年，世界之建筑法必更大变动】

来书云经电聘福州协和大学工程师，月薪三百元。想其来后，对于用料或取极坚固、可耐百世不坏之旨总是此事。弟前时已再三详告之，亦曾嘱校长，万万不可轻听外言，要建千年不坏之屋……盖度弟大乏许大财力也。当倡办时，黄孟奎先生力劝弟如洋人建法，聘洋人办理。王宗仁君亦屡言之。盖其意如能建一座洋人之主张，胜我现下建此五座不坚之华工屋也。至于协和工师之建筑，弟前年往闽时，适彼先建一楼为备伊住。若他日则为教员室，其楼之大小不外二千尺，用灰概取洋乌灰，至其屋之工则工矣，固则固矣，按每方尺非十元之外不得有。今日我厦大要建之屋，其地位、间格、外观有洋人帮理，弟甚赞成。若坚固及用料，决当取我宗旨为第一要义，万万不可妄

陈嘉庚在创办学校、兴建校舍的过程中，有许多精辟独到的见解，反映了他的建筑思想和理念。

从留学者言，要如洋人之建法可耐千年，不畏火险，诸云云。若果从之，不唯乏许大财力，且亦迁延日子，一舍之成，非数年不达。试看协和兴工迄兹三年，所成之屋几何、费项几多、成绩与外观胜我几多？便可以明白矣……余又料不出二三十年，世界之建筑法必更大变动，许时我厦大生额万众，基金万万，势必更新屋式及合其时科学之用法，故免作千百年计，而只作三五十年计已足矣。况我已建之屋，若论坚固，二百年尚可保有余；若论外观，则比上不如，若比下则过之，何必以有限之微财，而效欧美富豪之用资，岂非自不量乎？不宁唯是，盖当节省之财，以供校费，其实益为何如？"

（致陈延庭函 · 1923 年 4 月 3 日）

【地位、间格与光线、外观乃校舍建筑之最重要三事】

至生物实验室之图，因绘师迁延，尚未告竣，料此星期内可竣事，立即付上。至诸教师仰慕洋员督理建筑事，亦属有理，宗兄可勿怪之。缘科学重要之室，既费许多项及年月工夫，若建一不合式之误，贻恨非轻。兹如得一建筑家主任，定裨益不少。且宗兄亦可求其所长，故弟亦赞成之。第恐好人难得，或月非三数百元肯来。若聘不甚可靠之人，并不能体我心理财力，及对于教育用之室舍亦未谙，则虽来奚益乎？弟意建筑校舍之最重要不出三事：第一件就是地位之安排，因关于美术上之重要及将来之扩充是也。其次就是间格与光线。窃此两事，任如何绘师总不胜我实验之教员，了无疑义。至于容生之多少及我内地之情形，有非洋人所知者。如初来之生，一班以欧美学校计，约三十人，迨毕业至少可二十余人。若我国则不然，非尽学生乏毅力，亦有他项之阻碍。故初招之生，一班若四十名，迨毕业未必上二十人。此现象与终来之间格，故与洋人不同也。第三便是外观，此事亦关乎美术之作用。若有工程师定有多益。然须我能办得到者而言，若系注重美术，费多项以办理，此项实非我初创厦大之宜。唯能免花多资，粗中带雅之省便方可也。此事亦当有佳工程师方能体我及办到。以上三件事，除第二件免靠洋工程师，若第一与第三，有好工程师甚佳，第恐难觅耳。至于洋工程师，若要取如富豪、富商及何社会之建筑法，以极坚固并借卫生为宜，每方尺之建筑费，须加半数可耐数百年之事，则我决决不可行。唯有保我国物产之取用，按我棉力之地步，且料二三十年后，校舍必改作，何作数百年之计哉！

（致陈延庭函 · 1923 年 4 月 11 日）

【建筑务求省俭，切勿过求永固。凡本地可取之物料，宜尽先取本地产生之物为至要】

付家力弟带交集通转送本校屋图三张，即生物实验室之图，系先

草绘，待本校同意则寄返刓，俾好再绘正式之图云云，料该图可以接到矣。弟观其所绘之草图，亦属平常，其间格虽代我变更，恐未必能符我用也。至屇面另绘一配色之图及无配色之图两款，任我弃取选择。宗兄同校长如认该图无甚可取，可免寄回。至于洋工程师，如聘未成，而我急于兴工者，可将校中之意及参考付上之图兴工为是。至如来图所绘窗门，要用吊式及襄黎（玻璃）要用大片等事，为费甚多，且艰于办理，伊甚不赞成云云。但弟未悉用何吊物以施之窗门？此间所未曾见，究竟生物实验室之窗，非用该法建造不可乎？如必用该法方合，若非用该法则不合者势当用之，虽贵亦当出于不得已，若不拘者何必如是方快乎？或者洋人不知我厦大之资之，及按年虽认捐之款要分配积极扩充之用途，并期规模之不小，故于建筑之费用，务求省俭为第一要义。凡本地可取之物料，宜尽先取本地产生之物为要。不嫌粗，不嫌陋，不求能耐数百年，不尚新发明多贵之建筑法，只求间格相适合，光线足用，卫生无缺，外观稍过得去。若言坚固耐久之事，则有三十年已满足矣，切勿过求永固，不唯现下乏许财力，然厦地异日定为通商巨埠，二三十年后，屋体变更，重新改作，为势必然。设我财力若如欧美之财力充裕，宜取近下之好尚。无如远甚，不如请再商校长良裁。

（致陈延庭函 · 1923 年四月 15 日）

【教员宿舍应建如囊萤楼，加建"五脚气"。不拘男女生宿舍，应可作两项用（作教室亦可用）。现下之地址，除绝与校用舍无关外，方可定建教员住宅】

教员宿舍，其式仿映雪楼建法，然映雪楼欠妥，异日当改如囊萤楼，足额三层，并有下座高三尺。昨见小儿带来图甚善，此后教员宿舍，应建如囊萤楼是也。弟又思如得加建"五脚气"，不唯较有休息或看书之处，且更雅观。然须加费许多项，此项事当先论外观有无关系，照来图为坐北向南，南北两面均无"五脚气"，东西两面仅西面尚有之。西向有"五脚气"，实为势所必然，既可防西照日之炎，又正当外观之方面，建"五脚气"甚为得宜。东向可免之。若南北两向，如异日无别屋遮塞者，弟意仍建"五脚气"为佳，如后日续建之屋能遮塞者，则勿建也。如何之处，祈与校长商妥举行为仰。女生宿舍另独立建一座，弟亦赞成，唯来图不同意耳。因自建一小局式，无论近年能否与各座屋相配，若日后该座作女生宿舍，要改作何用耶？弟意不拘男女生，现下对于寄宿舍，仍仿囊萤楼之式之近便宿舍佳，若他日作教室，亦称合也。又有一说，如再建寄宿舍，可作两项用（作教室亦日作教室），亦称合也。又有一说，如再建寄宿舍，可作两项用（作教室亦可用），有别体式，比已建成之校舍较佳而免浩费者，弟亦赞成之，若无比现建之室较省较佳者，切勿更

立多式。况来图自成一局，此乃无意再进之小部分校舍方可如此，若厦大前程万里，不可立此小局部之屋也。若如集美、同安二座之屋图，出之绘师，亦可两用，唯建资多，容生寡。教员住宅，依来图长计234尺，深62尺，合计一万四千五百零八方尺，虽除内中花园数千尺，亦要近成万方尺。仅每座住四家耳，如非图说有误，决无如此巨大之屋费而仅容四家也。至于屋式，弟之不敢赞同者亦与上条同样。兹再为宗兄详告之，凡地点问题至为重要，今日厦大，当为全部之计划，住宅已建，永当作为住宅，而不可改作教室或寄宿舍明矣。故现下之地址，除绝与校用舍无关外，方可定建住宅，否则如有疑虑未定之址，不如仍建两用式之屋，较无后悔也。弟虽直接与宗兄信息来往磋商等事，尤希事事请命校长同意及从其调度，以符世界大学规权之理，切切原谅无误无误。此函并呈校长一阅荷荷。

（致陈延庭函 · 1923 年 5 月 6 日）（致陈延庭函 · 1923 年 7 月 26 日）

【图书馆之地位，实乃山顶最佳】

图书馆之地位，实乃山顶最佳。弟意除生物屋外，别项舍勿速占去，致后悔无及。若果需暂用之屋，宜仍以现建各座之近处兴工为宜，幸勿轻忽为荷。

（致叶渊函 · 1923 年 7 月 1 日）

【宿舍应当建于高阜之处，可省许多地基费】

来示又告建筑事，拟建如映雪楼之状约二十间宿舍，云云，弟意现下未可建筑，因数月来胶价转败，利路甚乏，不合按月投许多项，且经此回风潮，本秋之生不知若干，大约至少当减去一二百名。生既减矣，不宜兴建。此时就说不减，亦当再看开课后打算，设异日要建，应当建于高阜之处，可省许多地基费，若田中之地不唯不合，且亦多费。弟意他日要建，当以科学馆侧为宜，未悉尊意如何？

（致叶渊函 · 1923 年 7 月 22 日）

【建筑工程应乘暑假时进行】

接来六月廿三、念九及本月八日手书三缄，均悉，又夹下小校建舍图一纸亦已收到，至图式与建料，请与校长商妥便是。映雪楼要改建如囊萤式，未知有乘暑假时进行否？现下兴工各座之校舍，逐座计于何月可竣工，尚欠工料费若干，计由本年八月以后逐月应交若干建筑费，乞预算见告为仰。

（致陈延庭函 · 1923 年 7 月 26 日）

【南向之房较好于北向】

小儿博爱，拟此月半后遣归，应入厦大开校（学）之期。其寄宿住房，可依他生同样，不必另有优待，唯得南向之房较好于北向耳。集校寄宿舍，概建单行式，多南向，但费较加。若厦大多建双行式，费较省。弟原不甚赞成，无如大多数赞成此体。至弟不赞成之原因，为暑天南风则寡入，寒天北风则多来，比之南向大相径庭，未悉历来已数寒暑，诸生有无不便之处，顺笔一道为仰；如有相差之处，希代白校长，预为先留南向房一位或另行何处之房，南向均可。至各房应住几名，可依例以昭大公为荷。

（致陈延庭函 · 1923 年 8 月 1 日）

【教育中之精神，实验室与器物是也。目下只取省费与平常坚固，并用本土原料】

所当筹划者，教育中之精神，实验室与器物是也。故此后宜将别室暂放一边，而着手注意议定之生物实验室是也。至于屋图议久不决，弟意可以不必，宜与校长并教员中议妥便行，其宗旨按三四年内敷用或二三年内敷用便足，切勿过大，亦勿过坚固。盖大与固，须费多项，非我穷乏之厦大所能办到，就是建不甚十分得体，亦属无妨，因地方广大，实验室将来要建十座八座。若许时财力充裕，要建如何新式，如何广大，如何合用，均可，而目下只取省钱与平常坚固，并用本土原料，作临时三数年之权用，他日移作他项用亦无不可。祈将此意代详校长，庶免久延不决也……新舍取名博学等五座，弟赞成。弟意以（集美、厦大）两校易言，即曰"兼爱"是也。

（致陈延庭函 · 1923 年 9 月 1 月）

【兼爱楼楼匾可由叶君（叶渊）书写】

来书询兼爱楼匾拟以谁人书等情。弟意前书各匾之人，均与厦大有关之人。崇德报功，中外古今皆然。此后何校舍书匾，当以诸筹备员书之。厦大当日诸筹备员，则叶采真、黄炎培、蔡元培、汪精卫、胡敦复、郭来文、余日章、李登辉、黄孟奎、邓萃英是也。然除邓君外，此后可各请书其一，将来历史亦可注明其原因。现之兼爱楼，可请叶君书之，再后请校长指教是仰。

（致陈延庭函 · 1923 年 10 月 28 日）

嘉庚在创办学校、兴建校舍的
程中，有许多精辟独到的见解，
映了他的建筑思想和理念。

【集美学村范围应包括整个"集美半岛"】

集美学村事，告弟主意界限。以弟鄙见，现下军人多乏资格，谁肯恪守范围，如权利所在，或成败所关，彼辈无难立刻破坏。盖除有武力对待外，否则，何所忌惮。此为必然之势，了无疑义。但是此回之运动，各名人承认虽未必见效，永为军人所遵守，然大胜于无也。既属如是，应声明集美之半岛范围，如来图之界线为是，不可划出车路而与龙王宫为界外。至于要围何项篱笆，筑隘门或墙垣，费款多，无裨实事。万一军事再有发生，乏人格辈无难破坏，若与交涉，恐为害更烈，况诸承认赞成我学村者绝无计较界线，弟是以赞成全半岛较为清白易知。

（致叶渊函·1923年11月15日）

【许氏代众坟以宣气，亦固其宜，弟自当甘受之】

许家阻建模范小学事，文庆先生来书云，诸人调处，劝厦大让步，似将许之，弟意亦然。因该地无阻厦大重要之位置，况重要之处全属崎头山以东诸地，其祖坟已迁，则厦大此后可以进行无阻，其小学地址，多处可设，宜勿再与计较而为已甚也。至他传单印刷，分寄至南洋诸社会，毁骂弟种种，社会人能原谅我，无损我之名誉。总是我抚心自问，推己度人，亦应受相当之责罚，乃能消案。何者？以数千年家族风水之珍重，幽冥之万千塚骨，兹我以厦大之名义，任意掘迁，其损失资财，伤心迷信，可以免计，至其对于幽魂，难免无抱歉之矣。故此回许氏代众坟以宣气，亦固其宜。弟自当甘受之，夫复何言？况世之享大名，福万众，而能安逸无为，其可得耶？

（致陈延庭函·1923年11月25日）

【此后再建审问楼等，宜勿分前后，"屋之东西，均可视形各有正面之资格"】

建筑事以为拟赶建化学室约一万五千尺，每尺预算七元，而生物室亦略同，又要同赶建，计两实验室近二十一万元。又拟建审问楼以应新年秋季添生之用，总核算逐月须二万元，如加以审问楼按建费六万元，合计十七万元，若逐月二万一，须建至十四个月之久，方能告竣。弟意必无如此拖长。既无如此延久，则三座并建，逐月二万元，定不敷用。兹以此力量之多，逐月二万元为限，请商之校长，要从何项先建？若新秋添生，为势所必行，能至二百名固好，否则亦当按一百五十名。若每间房住四生或暂时迫住，秋后新楼再竣，迟不外零月，亦可权用。又如映雪楼，新年放假时，

宜叠高如囊萤楼为是，亦可加住数十生。至于博学楼正面，谅是向西临田者。然该座屋之东西，均可视形各有正面之资格，前时不及思到。弟意此后再建审问楼等，宜勿分前后，如集美之科学馆，将砖棚分设前后，未悉诸君以为何如？

（致陈延庭函·1923年11月25日）

【学村不宜筑围墙、设隘门、分界地】

按客月念六日手示，已悉一切。学村事经复函于前，想已收到矣。既免多费资而藉笔墨之鼓吹，弟甚赞成。如围墙、设隘门、分界则不可。盖处此乱世，唯利是贪之徒，既不惜人道之丧尽，安肯顾及学村之预约耶？陈公（陈炯明）复电由商会抄来，兹夹此呈阅。至嘱弟再与交涉，窃为无益，故未便进行。希谅之。

（致叶渊函·1923年12月14日）

【建筑情况宜将逐座造价、工期、置料登帐造册，内中屋业、器具等等亦须要列明，此为办学之必然】

接到月结册已悉。念自建筑于今两三年，费项四五十万元，如除未竣之屋当然未能记其某座屋建费若干，若已完成之屋，理宜将逐座造价而登其帐，俾厦大目录内可以注明，而各工期与置料集亦可入来帐……且厦大迄今年，或再后年有印表册，内中屋业、器具，等等，亦须要列明，此为办学之必然。见字希与林校长商妥核实，或酌衷估价登入为是。需用之铁轨，经嘱配三千尺楼梯之栏杆，只此间铁廊桩有锉的，比作铁较好看，遂支元（付定金），拟先寄成百枝，如合用再开单来办。自来水之水广（管）究实何月要用，可再详告。李姓之住宅是否迁去？如已迁去，其旧舍现作何用，或已拆卸而整顿其地方，其校舍之近处前后已经逐一修整，布置雅观与花园及路线、球场、沟渠等等如何？亦希并告焉。

（致陈延庭函·1924年1月7日）

【反对"楼枋用洋灰"及"贫人当自认贫，贫而勤俭，终不至久贫"】

所言化学、生物两实验室均开基将竣，着着进行，唯楼枋事，诸教员复以当用洋灰为固。先生算每尺当加三几角，按填四寸高之洋灰云云。又以须用铁网，较之用枋较坚等情。弟对于楼枋用洋灰之事，客年而曾再三陈之矣，不意迨今日尚复以是为言。盖用铁网填洋灰，若一砖棚面积少数之方位，吾人可以效用之，兹以该屋之许大而冒为之，其危险为何如哉？兹者弟已言之，吾侨虽富，赞助乏人，而我力又薄弱，以未来之利，认充厦大之费，逐月凑

以数万元，已费许多心血，非同富商殷户，现金满库，用之不竭，可以同日而语。既为如是，则厦大之屋，宜以草创将事，能耐至二十年，许时厦大不患贫矣，尽可拆卸改作，较之洋灰式更美妙无比。况现建之料，虽历百年，亦不至倒坏耳。总言之，贫人当自认贫，贫而勤俭，终不至久贫，愿我厦大诸先生鉴谅为荷。

（致陈延庭函·1924年1月12日）

【厦大"十未二备"，各科学用舍与仪器，全付缺如，其他应设之物，亦属不少，不宜遽行裁减经费】

承询客年生理状况，为如不佳，可将厦、集建筑费节省等情。想先生为闻舍弟（陈敬贤）与林君（林文庆）磋商，故有如是相劝也。客年生理，实不甚如意，入息之额，约供二校之费并还人之利息。剜肉补疮，无毫利见长，而各扩充之业，多从银行觅来。负债既多，目的未达，是以集校建费，月限五千元，厦大每月按四万元。舍弟以为将厦大缩减一万元，余已复书未同意。盖以集美所欠者，教员宅耳，其他免事扩充，留待有力时然后加项，对于名誉与实益，不甚损碍，故月仅按建费五千元者是也。若厦大者，十未二备，各科学用舍与仪器，全付缺如，其他应设之物，亦属不少，兹若遽行裁之，不唯名誉大损，且大学之精神何在？其不同于校舍有名乏实者，无异五十步与百步耳。故对于月四万元，按前三千元为短费，馀三万七千元为建筑与设备，虽未能急进，然亦不失循序之进行，并于预算五年内为小规模大学完备之建设，在我国中首称一完备之大学也。

（致陈延庭函·1924年1月25日）

【祝寿"实属无谓"，自当卧薪尝胆】

际此乱世之吾民，社会腐败，道德丧没，强邻环伺，虽未能吞我疆土，然莫不吸食膏血之野性。以此而言，稍有诚意爱乡爱国者，自当卧薪尝胆之不暇，而何事自居生日，招人制造虚伪无实之虚荣；如此回厦大寄来各寿仪，实属无谓。盖寿之短长，若非定数，只有招致。如为可祝，则权富之家，当人人享期颐矣。弟非矫情，盖此风诚不可长，否则互相效尤，大非乐愿，是以将各物帖，谨以奉还。

（致陈延庭函·1924年1月25日）

【"各种实验室并仪器略得完备"，是"不负事实为大学精神之第一要义"。对于集美学校与厦门大学权其重以供给，非有所偏倚】

厦大已成之教室并寄宿舍可容客生五百名，再后弟如之力扩充，

则厦大亦聊可算一小局之大学。总是不负事实为大学精神之第一要义，其事为何，则各种实验室并仪器略得完备，庶能将小部局之称。否则，与现国内他大学何殊。抚心自问，虚誉无裨之罪小，误社会国家之罪大。弟是以不计财政之困难而未忍缩减厦大之建设，冀于三五年之内，略些完备为是故也。至若集校所欠者，教员住宅及幼稚园等室耳，其他未闻先生有所需要。设有再需，不外扩充生额而已。然扩充生额，尤为弟所至愿，但财力不逮手，奈何。世间不如意者十常八九，正为此也。以现下乏扩充能力，不得不遵养时晦以待机会。就天不遂我愿，而集美现下之规模、可容生额二千名，此后力整内部，费务省而成绩求佳，既不务多，则必务精，若此则集校虽未能年年增生，窃为对于名誉与事实不至如何坠落。故际此困难之中，略将切要之教员住宅，月按五千元建筑，不上一年足以供用，那时谋及幼稚园未晚。弟是以对于集校与厦大权其重以供给，而非有所偏倚。未悉先生以为何如？况厦大与集校大有连带之关系，集校历来之困难与校费之浩繁，当以师资为首问题。弟窃为好事之妄谈，若集校要免困难并省费，舍厦大外，恐未易达目的。弟是以深盼厦大能得设备略妥，数年之后，其有益于集校，不唯小部分之师资，则集校大部分毕生，庶有造就之日。以此而言，厦大之设备，更不可缺也。不宁唯是，弟又作希求之过望，以为三数年内虽之同志赞助，亦莫怪其然。盖小项可情捐，可面求，若厦大者，所需巨额实非用情面得来。必当先整我之内部与成绩，然后能感发于人，庶有相当之赞助。此亦厦大不得不设备之紧要也。

（致叶渊函·1924年2月7日）

【校舍建设须事先规划，第一要"略定路线"，第二分区设科，第三建筑用舍】

厦大校址，将来可以扩充至广，虽沿海山岗坟墓如鳞，及城垣炮台多属私家与军人权势之手，总是他日必完全归入厦大。无论谁人，万不能鼾睡寸土，了无疑义。故我于初办之日，再三斟酌，聘到英、美两绘师郑重计划，第一先略定路线，第二分区设科，第三建筑用舍，盖深鉴于集美当（初）无远虑与宏愿，贻后千悔莫及。若厦大，今无异一疋新布，任我要剪作何式衣裳若干件，预有算划，庶免后悔。所惜者之经验师时常审慎，虽有毛惠之略图，但渠住厦不久，既不能审慎，复一己之见，何能臻于完善之处置乎？兹者，凡已成之屋，其地位料不致如何差误。唯再后之进行，势不得不更加审慎。俗语云："三人土眼可当一地师。"尤贵列位先生细详计划。对于路线一事，先事立定裁种树木，为此后第一步之进行。盖校舍工程，除现兴工之两座外，就告竣后，尚有审（问）慎（思）二座

未建，是此年余之间免筹思地位。总是路线可于数月之间，经营全区，希请之校长注意。

（致陈延庭函·1924年3月8日）

【介眉亭"无论兴工与否，弟决不愿受"，"请取消建介眉亭，捐款发回"】

前昨日集通来信，云过捐亭项二百四十元，弟未知何故，即问小儿厥祥，始悉由校中寄来捐册，向诸生题建两亭，其一曰介眉亭，系为弟而建。闻之殊深诧异，恨不肖儿绝无言起，如有者，既免向捐亦可早函止校中之进行。总是无论兴工与否，弟决不愿受，爰于昨电集通，云"校长鉴：请取消建介眉亭，捐款发回"，想，早接到停办矣。夫招扬名誉，夸示纪念，尚有运动得来或多方制造，况今日出之诸君之推诚，而弟反矫情不受，未免不恭之甚！但弟非绝对不肯，念目下尚非其时，盖弟每以"实事求是"四字为宗旨，若目的未达，遽邀钓誉，毋乃自背乎。盖今日本校虽有许规模，而学生之实益如何，可裨于社会如何，毋庸隐讳。若十年后果有裨益于地方社会，许时要为建一亭，立一碑，就费万元为弟立铜像表纪念，则弟决不推辞之客气。弟之仰望意大，绝非谦逊本性，唯要有相当之功德，然后敢享受耳。希代告诸君，弟非不愿留名，请勿误会……厦大一二年后，非百万元不足为功。若弟有能力供给，何足介意，无如乏此巨款，故不得不仰望他人。要达目的，第一须先知社会人之心理，今日我诚无私，尚多不满人意。语云"止谤莫如自修"，故却其贺仪，自修之一端。兹之不愿建亭，亦犹之也。若好制造虚荣，必能影响于厦大，为无益，损有益，岂不误哉！盖我若确能实行实事求是四字，加以不急功誉，终必显示无我之大公，则助厦大者，必有其人，爱社会，爱国家，不为时欲所移，定表同情也。古人云"人之相知，贵相知心"，望先生善说诸君，勿强立不满意之纪念。至荷，至感。

（致叶渊函·1924年8月28日）

【厦大他人捐巨款，应该留纪念，若弟者万万不可】

集美学校不知何时发起要为弟建祝寿亭，迨近天弟始闻知，足见弟之作事，尚未能以诚感人，故诸君每以为此种时好，乃弟所默认欲望，是以承迎奉耳。呜呼！诸君不见夫厦大掘人万家之塚，生者不敢以义务而抗拒，死者亦当以公益而让移；集校掘塚虽称少数，幽明心理不过如是。今日厦、集二校，若不明此事，屡以过爱或误会见加，弟亦妄自承领，何殊贪天之功以为己力，抚心

自问，其何能安？况二校虽略有此规模，至于欠备尚多，基金未固，若论成绩可以实益地方社会者，则尚远之更远，况有裨国家者乎？！夫荣耀于一时，或流芳于远代，人无贤愚，谁无此性。然当有相当之功绩，庶乎受之而无愧。设不如此，致阻助款之来。弟居洋久，略知此间社会人心理，本勿以无益阻有益。集校与厦大略有连带，故亦不可也。厦大他人捐巨款，应该留纪念，若弟者万万不可，盖露一何项纪念，更招憎嫉之人之图，但以捐款举办，便可享受，绝少诚意于其间，是乃贸易交换之流，何足贵哉？况新国民应尽份子之职责，将云何几乎？至弟之对于二校诸君之厚意，非真有拒绝之矫情，弟留以待也，俟十年后，弟能克有终，二校毕生确有裨益社会及基金巩固者，许时不唯区区一区与一亭耳！先生与叶君（叶渊）至契，请代白鄙见，取消建亭，至切勿误意。"

（致陈延庭函·1924年4月1日）

【自来水池应建高岗之上，或免设水塔更为省费】

来示以建自来水塔须费五千元，询弟意见如何。谓上海、南京两校已行之，而书中无详示水塔之益处究为清洁而设，抑为从高使水流下而设乎？或者两有兼利之益。既属如此与卫生甚有关系，弟安得不赞成也。所未了解者，筑至六丈之高，云费五千元，未悉是查该两校之建费否，抑加算本校应设之费乎。缘本校生多，用水比两校亦更多，水塔之大小，亦当有别。五千元可否足用？弟又再思以上海地势平坦，无高山可营设，故或不得不建许高之水塔。若本校地势不然，如新加坡大水池须择高处，再不足，另移较高之山，然后放下，或者治水之洁，不在许高之塔乎？若为供给便利之设，弟意第一先究察两三里内何处之水为最佳，择其佳水之泉地及敷用，然后审其最近高岗之点而设水塔若干尺，或免设水塔更为省费。至于水要抽上塔，须有相当发动机及"铁广"（指自来水管），使费亦不少。但"铁广"之费，当视距校远近而定算。弟意本校不为则已，要为当并将来合计，他日其水可供至内头社近处之需，则宜于范围内或近边详探之。最好请厦之自来水（工程）师斟酌及医生探水之佳泉，然后再作打算。如何之处，请再示。

（致叶渊函·1924年8月3日）

【图书馆建造计划及采用新建筑材料问题】

特字列八号大教云事敬悉，以待现建之两实验室告竣，便拟先建图书室，不日可寄图来看云云。弟未悉尊意，要建若大、可容阅书者若干人？以弟鄙意，至多可按五年内足用就好。按加五年生额作一千，而同时往图书馆看书者，至多作二百五十名，若厦门埠距离颇远，又交通不便，外人该少可来看书，设有者料不上

陈嘉庚在创办学校、兴建校舍的过程中，有许多精辟独到的见解，反映了他的建筑思想和理念。

三几十名，合计至多不上三百名。弟按每名占位作三十方尺，如一百五十名则四千五百方尺，如建八千方尺之三层楼屋，以中、上层供用，每层除容生位五百名，尚可存二千外尺作藏书室，且余楼下一层作阅报杂志等室，就使人额较多，亦可兼取楼下，一切概作看书之用。不知照此核算，略可符用与否，弟实门外汉，毫无经历，唯对建筑事，敬与先生斟酌者如下：

甲、现拟建之图书室，须按他日可作别项用。盖厦大如十年之后，须有正式之图书室可容生客以千人及新式美雅坚固之建造，目下不过暂作权用，五六年之后，移入正式楼，则此屋应作别用也。

乙、现下因短于经济，不能建美丽厦屋，且亦乏许多生客，理无筑许多余位以待久来之用；是以为暂权故，应造数年内有用之屋，且从俭省起计。依弟所按，如八千左方尺合用，照前时之建费，每方尺作六元，则四万八千元，设石料打较工夫，屋式作较好外观，再加五七千元，共五万五千元，作十一个月完竣，每月的银五千元，未悉先生以为如何耶？前者延庭君屡有来书，告诸教员主张建新式之屋料，即用洋灰包铁条可较坚固，弟未便同意，其理由经详于前矣。近者闻洋灰本国上海运到颇多，价亦廉宜，唯铁料则未有，而工程亦略不同，且须有几件机器如研细石机、灰沙水滥合机等，至于能否加费，弟则茫无把握，以近来杉料之贵，或者加水无多。查此间之建此式屋者，其肢骨并楼层，概用此灰石碎，至于墙壁则仍用砖，亦有正面下层用打幼石画之，以资雅观。其他如涂装饰均作假石，其内容实较厦大之屋坚固多多；若外观石色，则终让真石也。先生对于图书馆之建，不知取何建法？若可照平常之工作建造，则免言，如主张建较坚固，其屋之肢骨并楼层要用铁条包，此间可以探听建费之廉贵，如算能和或此处可雇一华人熟悉建此工程之人归厦办理。至于研石机（粉碎机）暂勿办，先用工人打碎石，每方尺约工料若干，乞示。总是外墙，切如自下至屋顶，要围以石，则费定贵，若用灰假石，又欠一律雅观，究竟如何，并请详示为荷！

（致林文庆函·1924 年 9 月 14 日）

【新建造的实习渔船租作集厦运客船，有背宗旨】

渔船（指集美一号实习船）迟竣，费款实多，幸试行如意，至慰，至慰。唯现暂租作集厦运客船，未知因何不能出海实习乎？以渔科之宗旨，开办有年，毕业生将两次矣，而乏有实益者为无渔船可练习耳。兹者不宜再敷衍而逐月收数百元之租金，论营业则之利，言目的则有亏，想先生定表同情也。

（致叶渊函·1924 年 10 月 26 日）

【学校建设应处理好与村民的关系】

建幼稚园事，闻敝族人有多反对建于其处，而我强将为之，此回肇事，半由其来。果尔，亦未免有误。以弟自来之主张，甚不愿与村人恶感，凡可迁就者，应迁就之。万不能以我所欲而绝拒下情，则非处野村办学之善后。如厦大之在"澳仔许"要建小学校舍，占人公地，拒绝村情，失败固宜。若弟在厦，决不行此，况幼稚园之地点亦不甚合，弟在梓虽多方择址，绝未有以距离村中之远而以为是。舍弟失于打算，致生恶感。兹唯有缓建，待后再择，务使村人不生反对而后可也。

（致叶渊函·1925 年 4 月 2 日）

【收买荒地，须先调查我之需用若干亩，则显明与地主商妥，较为顺手。若只先买无几，彼或有意居奇，未免"费气"】

农林开办之事，先生主张，弟甚赞成。至于买荒地并建筑校舍，种种预算万余二万元。此项作一年开支亦可，作半年开支亦可。设再后逐年应再设备成万元或万外元亦可，虽至二万元，亦无不可。至云学生务亲粪秽，诚如尊论。弟意学生之能否实行，当视教员何如。若教者是避旁观，而望学生亲理，定然不达。未有教者亲行，而学生敢高尚袖手。未悉先生以为何如。弟曾参观厦城内日人所办之小学（指厦门旭瀛小学），各种标本甚多，大都教员亲身寻觅山海得来。于是学生亦有帮助及劳力管顾各种花木，无须依赖工人也……至于拟收买荒地，弟意须先调查我之需用若干亩，则显明与地主商妥，较为顺手。若只先买无几，彼或有意居奇，未免"费气"。如何之处，请主裁为是。至于此后供费，可免介意。总期不空戴虚名以羞集美二字。况将来之希望乎。

（致叶渊函·1925 年 4 月 2 日）

【幼稚园的选址问题】

至幼稚园地址，若附之小学舍，万万不可。如附于女师，此计划前弟亦有此打算。至弟打算之地址，系将东部极南之处建之，他日女师全部完成，其"国"字壳形无殊耳。唯念建舍式或不能匹配西部（指女师建筑），要匹配西部，恐未合用，且该处地势较低，亦一不便。舍此之外，尚有两处，则"二房角"出社最相近住家之空地及大路尾渡头山之处，亦有一地，弟未悉能谋得来否？抑或勿过事张土，就社中相当之旧屋址，其地价不至高贵者亦可。至于建筑费，逐月如按至一万元亦可。幼稚园之建费，按至多二三万元为满。

（致叶渊函·1925 年 4 月 2 日）

【校舍建筑宜"包工不包料"，"办料万万不可承包于人"】

来示磋商包工与包工料谁是，嘱弟回知主张。若以弟主张，集、厦

陈嘉庚在创办学校、兴建校舍的过程中，有许多精辟独到的见解，反映了他的建筑思想和理念。

（二校）建筑，均无包工料之问题。前曾反对厦大林君（主张），乃渠不信，迨后结果何如，弟未深知。此事要讨论，笔墨甚长，无此时候，谨约略言之：

一，包工料完竣（指承包人负责承包全部建筑工料），凡承包人必资本家，至少其家财有万元之外方可。试讲本地方能包之人，有几个有此资本，设有一二个，则彼必要厚利，每千元非一二百元不取。则一年如建二十万元，须损失三四万元矣。

二，承包人如无许大资本，则彼断不能先垫工料。依约期领项，势必每天工料费若干，一文半钱，概依我支持。此等营业能得利益虽千元万元则归他享去，设亏蚀何处取项来补，若科以法律，我定不忍。岂非有抽无长，至显至明之事实，何必待贤愚方能了解。

三，承包工料之出入项颇巨，承包人或者因奢望，未利入手便思用，抑或其身家祸福诸费，甚至嫖赌，或任托非人，种种损失，莫一不视此包建"出水"，亦理势之必然，何须疑念者也。

四，承包人无论如何忠厚，总定要偷工偷料，此为不易之情理，如屋墙最关要在用灰，彼定要减用；红料（砖瓦）优劣亦有差别；最差者杉木，如掺用西溪之杉，及以小易大，以薄易厚及其他种种，笔难尽述。如云我有人监督，实乃大言耳。夫既能出此精神监督，何不能自办，岂不较善于包人乎。

五，试讲承包人之采办各料，比之我之自办，孰贱孰贵，俗语"贪赊贵买"，势所必然。我以现项采料，定不致贵。承包人无论如何决无如我之现款，若云彼熟我生，相差许多，唯有杉料而已。然谁家熟手可承包于我。另一问题，如云我托人不妥，而承包人亦须托人，彼岂事事均妥乎？或件件亲身去做乎？定不能也。

六，承包人对于管顾各料较免损失，可将此条，归他得利，而事事可免纷烦于我，我便可坐以待成。此事理想甚是，若实际决非容易，每每相反。至料之可免损失，仅杉木而已，其他各料，可无差别。然以杉木之差，决不补他件之不利也。

七，我之包工不包料已行之有年，虽在叻（新加坡）包工料资本公司如麻，我之年年建筑，概包工不包料，实有经验也。如本校自来之建筑诸校舍，未有危险损坏者，大都不包料之成绩。设当时如并包料，当然不能得如此坚固。其原因如华洋灰决不能如我之任取无阻也。其他亦可以类推之。

八，凡建筑事项，无论如何简单，如何绘图完善，迨兴工后，将竣未竣之前后，往往必有更改诸事，而包工料人，每每借是乘机加开或差至数倍之多。我若不与，则彼不改，以我不能别托他家工作也。

九，若依弟上言情形，则凡建筑工程不合包工料之道，务必自采料方能妥善乎。然弟言完全不合包工料，只要视何项之工程，如或公共之用财，难以一人独负职责，及不畏包工料厚利，则尽

可包工料于人。叻坡凡各大建工场，概包工料于人。彼不计包者之厚利，只期稳妥而已。若我则情形不同，且其间有政府之工程师监督及绘图师监督，包工料人不敢过于偷料偷工。就使大亏本，亦难得走脱。

十，今日厦、集二校之建筑，其工资定包人为妥，若办料当然万万不可承包于人。若诸主张兼包者，其人便是乏经验及自己无主裁，易听外人之言，以为上海也、南洋也，均是一切承包之例。第不思彼之言论，只知安逸，全不能计利害，以及视财无甚关要，虽任人厚利与我何干哉。

（致叶渊函·1925年10月21日）

【教员住宅不合建在校舍范围内。最关要之大礼堂应居中，两侧山岗并山边概建校舍，前面应留足空地作操场】

来示以许山头拟建形式及厨房、膳厅，拟位在东边等情，此事可善立裁就是。唯念前先生拟建教员住宅于女校之西，弟以为不可。其原因为住宅不合建在校舍范围内，不宁唯是，尚有最关要之大礼堂，他日拟建于内头社西，坐天马山，向南，正中之处，以此大礼堂居中，而左右两边之山岗并山边概建校舍，其大礼堂面前，直透出师范宿舍后球场，留至少有五六百尺阔概作操场，而左右两边方好建校舍。弟所云校舍者，必能堂堂皇皇，为有秩序齐整之校舍，俾在大礼堂面南一视，两边有此佳景象。兹建厨房、膳室等无楼什舍于要处，实对于大礼堂甚不住。至大礼堂规模，前函经略陈之，待来年秋按力能办到者，当托人绘图，用铁骨洋石灰（钢筋混凝土）建最新式有层楼，大约二万左右方尺，可容坐位七八千人。此事想先生早表同情，请注意，为荷……再者，外寄上各屋图，到可参考可否合建宿舍或教员住宅。其内容间格，恐未必合用。弟唯见其外观颇新雅，故请其绘送。此图为本坡工部局近年新式建筑，以给政界重要人员并他职员居住。如阅后请寄交林文庆先生一阅，俾厦大或有可取之处。

（致叶渊函·1925年10月21日）

【拟在厦及省城创设图书馆】

昨弟函告林文庆先生拟在厦创设图书馆，闽垣亦拟开办，并理由略详函中，并嘱将该函送先生一阅。如厦门之建筑，我可自办，惟地点与进行事宜，请先生与林君共为酌安，是荷。至如闽垣之进行，弟意托之教育会并商会合力办理，弟恐未能妥善，可否于本校诸教员中对于首事之际，参加筹谋，冀得进行妥洽。若地址定着（选定），则可绘图招工包建。大约面积须建有一万方尺之外，或至万三四方尺，三层楼，可容座位六七百名。其地点当择公众

利便之区。如何之处，希良裁，为荷。

（致叶渊函·1925年11月26日）

【图书馆选址宜"择适中公众便利"】

近来接到客腊四日、十三并在省（福州）之廿一及申（上海）之廿七日四手示，敬悉一切。闽地图追昨方接到。按先生近间可由北京回申，故前后三次电商图书馆事，兹将发上之电文如下：

第一次云："转叶校长与黄（炎培）、余（日章）、李（登辉）三君商图书馆址，免拘租界，择适中公众便利。闽图书馆址，布衙（布政衙门）合意，然地图失。"第二次云："闽图已接，黄巷（福州城内）佳。"第三次云："闽馆址最好在南门近处，则城内外适中。弟意楼下兼博物院，址宜广些。"以上三电，想符传，费神良裁矣。

至请与黄任之、余日章、李登辉三君商申（上海市）图书馆址，免拘租界及适中公众便利之句，缘屡接黄君来函，并报告其经两次开会，黄则主张不肯设租界，拟在上海城内，李君赞之。余君则反之。弟审其图址，城内实非适中地点，若因"五卅"事与之断绝，则万无是理。何以故？我乃地主耳，况我能文明日进，不患无克复之日。今日图书馆事，第一先取有可实益多数人文化，若偏于一方，未免有憾。弟恐黄、余有生意见，爰请先生从中劝道，俾达我目的，则无任感谢之至也。闽垣馆址，弟初之赞成布衙者，因来示云居城中及地势，以为利公众。追接图后，见实偏于城北，故赞成黄巷。再后详思亦偏于城内，盖在前时，城中优于南台。若现下及将来，则南台当优于城内也。于是请择南门近处为最宜。况楼下拟兼设博物院，想各界先生必以公益为重，而不拘于一方，幸甚。

至弟之所抱定主义者，谨为先生陈之，第一事注重集、厦二校，第二事国中都会、巨镇、省会各设图书馆附博物院，第三事就是大闽南主义，扩充师范、中学、小学等是也。

至于弟自身计划，兢兢戒戒，不变常座，家事务期求缺，不敢求全；所任工作，每天以八、九点钟自勉，星期日则须往胶园视察。深愿校中诸位先生共事，勤勉节俭，善立基础，以树将来大闽南之模范，弟诚无任祷祝也。

（致叶渊函·1926年1月16日）

【"慕外过甚，或好奇与要思数百年坚固而全屋建三合土"，"决不敢赞同"。"舍用自产之原料，非本校提倡爱国之本旨"】

许山头（在集美社附近）建筑事，如已动工可照计划进行，弟前日已电详矣。至于建三合土（钢筋混凝土）之事，若仅用于砖坪（阳台）及诸水湿之住处，不过全座中一小部分，弟亦赞同。第恐慕外过甚，

或好奇与要思数百年坚固而全屋建三合土，则弟决不敢赞同耳。至不便赞同之理由，第一，乏种种机具以混合灰、沙、石；第二，恐督工或工人失慎；第三，多用外来之灰（水泥）、铁（钢筋）等料；如铁条叻（新加坡）价每担六元，在厦买至十元。乌灰（水泥）叻银五元，亦有四元二三，在厦买至六七元；第四，吾华人绘图有未十分把握，往往增大其基骨，或搭甲不合，则需料亦巨。缘此全座三合土之屋，本坡之建筑，洋人十分认真监督，非无为也。稍有失察，贻误非轻。况舍用自产（国产）之原料，更非校中提倡爱国之本旨。人生中之农、食、住稍可挽回者，万万不可放弃。来示以校费多，不自安。总是凡合时潮之应开者，弟亦赞成之。前函之略表弟之起居者，及勤与俭与共事中互相勉励，盖多积一金，可益社会一金之利。闽（福州）图书馆址，既荷谋就，甚幸。此后对于计划馆图，弟亦略表意见，以资参考。第恐所按之界址，大小能否符合？至于是否有当，请与余师（工程师）主裁，为妥。即夹上"地盘图"一纸，弟按从中央先建一座，面积约一万五千方尺。楼下，暂作博物院，二三层楼作图书馆，待日后著效时，然后续建左右并后座。许时博物院可移往，未悉妥否？至拟建之一万五千方尺，以闽垣工料廉宜，就用较好之料及花些工夫，按每方尺六元，至多八元。兹作七元半，共银十一万二千五百元。图书之铁架并各器完备，按三万元，购书籍中西（中西书籍）作五六万元；博物万余二万元，其他电火（灯）、家私（具）种种数千元，合计已二十左万元。余留作基本金或日后之扩充。至建筑之料，切取闽中产物，仍用柴木为楼板、楼檐，不可用三合土。如云须三合土乃不怕火，总是书籍若遇火，虽三合土何益？至楼板上如铺砖，则与三合土何殊？楼板下如用洋灰片，既雅观亦不著火。此种洋灰片每方尺一角左，他日可从此买进。若云三合土可耐数百年，而柴木仅耐百数十年，以我之乏财，若算一分之利息，则甚便宜于建之三合土也。弟非不赞成筑三合土，第贫富之差别。如富人不计资费，多开无妨。若贫人，只求御风雨，有卫生，足矣。况柴料为闽省特产，工人亦廉宜，兹若改易三合土，不唯灰、铁须购自外洋，就建筑匠亦当从外觅聘。岂挽利权、塞漏厄之本旨哉！厦大图书馆要建三合土，第亦赞成。然闽垣与厦大迥异，总是厦大迁移于今，尚未有实在把握建筑之人，弟甚不安心。至屋上之体式，弟意仿我国款，不可作洋式。

（致叶渊函·1926年3月16日）

【农林"初事试办"，按略得过就好，大规模实验室暂乏力建设】

来示以农林建筑试验室之重要，前来电告月费万元。弟按至速七八个月完竣，需款当在八九万元，加以再办仪器，谅或者一二万元

陈嘉庚在创办学校、兴建校舍的过程中，有许多精辟独到的见解，反映了他的建筑思想和理念。

合计约十一二万元。而此时之此能力，故未便应承。而窃自度，弟曾到东南大学、岭南大学，两校每自许专科于农，未见其许大规模之实验室——建筑费之多。又如吉隆坡之农林实验室，为马来半岛之试验场，亦何尝如许高大楼屋。况我有数微资，初事试办，乃需如许多费之土(木)工(程)，就是无两年来胶市之败，损失之多，亦未便赞许巨费。况初办之先，亦曾计预，迨兹核算已加多倍矣。以弟平时主张，初步之际，按略得过就好。如幼稚园之浪费建筑，大非所愿，悔之已晚。深望共事诸君，能体省俭，在此两三年，草草可用便是。则(倘)力所能及，敢不赞许。请详细再示。弟又闻该地方(农校所在地)居住甚不平安，未悉近来如何。若欠安适，则再投多项，更为不合。至农林建筑共计费去若干项，有楼(楼房)并无楼(平房)之屋，计建有若干方尺，现下作何用途，请着庶务员列示，为荷。

（致叶渊函 ·1927 年 5 月 9 日）

【集美背山面海，后有三山，前有三岛，三面环水】

集美背山面海，后有三山，前有三岛。去北十华里许，有两千多尺之高山三座，天马山居中，大帽、美人居左右，相连如笔架形。其东西南三面，尽为海水所环。地势南向，金门岛，厦门岛，鼓浪屿，皆在望中。沿海有山岗，则郑成功故垒在，垣虽坏，而南门犹完好无恙，亦历史上有价值之纪念物也。校中各楼舍及道路，佳木成荫，盛夏不暑，虽未若庐山之凉爽，或不亚于北戴河之清幽，而海洋空气则为斯二地所无。风景美丽，盖余事耳。

（1937 年 8 月 1 日《厦大胶园移归集美学校与集美学校现况之报告》）

【焦土抗战与校舍损失】

来书以须建筑校舍三千元，询余可否；又云恐闽南发生战事，则须移校，白费此三千元，云云……集美校舍之损失，在战事未了之前，不能算损失若干。如再战二三年，或全校破碎，抑日寇退

走之时，更形破碎，亦未定然。我以焦土抗战，不论如何，绝无痛惜，唯有胜利之后，不患无更加光荣也。

（致陈村牧函 ·1938 年 11 月 12 日）

【集美被炸，在日寇未败退之前，实不能计将来如何损失】

来书询对下季招生及校费事，是否因生意乏利而缩少。兹因汇水关系，可仍前开支，免缩减为是。至集美被炸，在此日寇未败退之前，实不能计将来如何损失，唯深信最后可胜利，那时复兴我国，亦并可复兴集美也。

（致陈村牧函 ·1939 年 7 月 14 日）

【教育为立国之本，兴学乃国民天职】

夫教育为立国之本，兴学乃国民天职，欧美人民之捐资兴学者比比皆是，其数之巨极为可观，换言之，西洋捐资兴学已蔚成风气，是以余虽办有集美、厦大两校，不足资宣扬，实聊尽国民之天职而已。

（1940 年 11 月 5 日《在漳州崇正中学对集美厦大校友演讲》）

【内迁大田的集美农林水产商业三校校舍】

1940 年 11 月 14 日上午，陈嘉庚与集美学校董事长陈村牧，坐汽车往大田县城。"集美农林、水产、商业三校均移大田。学生四百余名，校舍系假诸祠堂，约一里内有祠堂七八座，然均不大，复租民宅多座，共十余座为课室并宿舍。距县两三里，虽不远，而通学生仅二十余人。水产校移此内地虽不合，然沿海既不能设亦聊胜于无。是夜寓校舍颇寒冷。越早开会后将拍照，师生全体均排立，正中备一坐椅，强余独坐，余力辞不肯，彼等盛意劝坐，余告以毋须有此阶级，余历许多处咸以平等为快，绝非客气也。

（《南侨回忆录》陈嘉庚著 中国华侨出版社 2014 年 9 月出版 第 275 页）

【住宅及校舍被日军轰炸】

余在南洋自抗战后领导华侨募捐，故时常发表敌人野心罪恶，前后何只数十次。新加坡前为中立地，敌人侨居不少，知之最稔。故对余故乡虽无设防之住宅，及教育机关亦以其凶恶之海陆空强烈炮火加以破坏。我国为军备落后之国，民众受此蛮野兽性，灭天理绝人道之祸害难以数计，虽未能向其报复。而现下时势，料不久定必有代我到其国土如法炮制者，其苦惨或加我数倍亦意中事，可拭目以俟之。

（《南侨回忆录》 陈嘉庚著 中国华侨出版社 2014 年 9 月出版 第 265 页）

【困难时期校舍"非至要，勿修"，玻璃奇贵，应以纸代之】

所询农校留否及米贵，致各工料跟贵，校费与前所按增加不少。而侵银行利息至四分之多，此间何能应付。故即发去电文，交集友转，云"农校停。省行利重，勿侵。非至要，勿修"。修理事如一号船至一千万元之多，该船非必需物，设交通未便，无关教育要事，故不宜在此极高度（困难）时而费款也。又按玻璃须费至一千余万元，此条亦不可，应以纸代之。据卫生家言，太阳之照临，有益于人生者，白纸胜过玻璃。况现下奇贵，财款无地，更宜从省俭替代，且又有益也。至礼堂及立德楼，如真出于不得已必需者，则勉强略侵银为之。

（致陈村牧函 · 1946 年 6 月 12 日）

【重申不接受外资助修校舍】

前日接十二号手书，谓厦行总（行政院善后救济总署厦门办事处）要助修（校舍）事。余深耻外助。此间《南侨报》出版……廿三日新闻，已有登载不接受外资助修之理由也。

（致陈村牧函 · 1946 年 12 月 1 日）

【在此恶势力未倒之前，对集校只有维持免关门就好。新民主实现后，必首重教育，不患无机会扩大】

先生来函要建礼堂……余早经再三再四为先生言，在此恶势力未倒之前，对集校只有维持免关门就好。余所希望扩充集校有两件事，如本年义成公司能顺利，对新债略可还清，而新年起所入息，按还六使君（陈六使）战时损失之巨额。以六使君之慷慨及现入利之大，且为集美人，该款可请捐入集校，料无难事一也。恶势力寿命不久，新民主实现后，必首重教育，不患无机会扩大。许时对于集校总计划，须包括至内头社，概属范围。将范围内全盘统

计，大礼堂要建适中何处？可容数千人，其他各科部分与工场、各（道）路、花园、运动场等等，不出两三年，可以实现。

（致陈村牧函 · 1948 年 3 月 4 日）

【革命大功不日告成，此后定能兴利除弊，福国利民】

我国革命大功不日告成，此后兴利除弊，福国利民，确可料到。教育方面，对中级以上学生，势必完全由政府负担，盖不如是不能普及贫寒之子弟。此种办法，所有私立学校，当然概归政府接收。唯我闽省能否多延日子，方有才干之人可来负责，尚未敢知。

（致陈村牧 · 1949 年 2 月 10 日）

【集美学校"拟请新政府大量扩充"，发展蓝图"交余带来与教育机关斟酌"】

中共政府对教育之注意，在贫地之西北经下了决心，余《南侨回忆录》已有详载。新政府成立后，必更积极，毋须疑虑。本校地点，为南洋侨生回国求学最适宜之区域，不但交通便利，离开市场，而气候寒暑，不至严酷。且现下有此规模，故拟请新政府大量扩充，一方面如何增设何科，以适合南洋之需要，一方面如何发展职工业校之造就。又自马共动乱以来，此间政府对华侨甚形特加注意，下学期决将各中校管理收办，教师约裁减三分之一，薪水亦减三分之一。其计划当然裁去非殖民地所需之教育。如此先生可以明白一切矣。为上言之故，南侨子弟之遣回国求学，不但费用省，而为时势所驱，亦不得不归。其他各属地亦有类似者。若新政府能积极设备容纳，每年南洋生须回国升学者，当有数千之众。此种情况，余不得不面商教育部，如何筹备及将本校如何积极扩大。若政府有同情，每年建设费非叨银数十万元至百万元不可。余意如自来水创办费，则请光前、六使二位担支，料无难事。

就目下打算，拟由本校礼堂后起，至内头社北止；东由女校后大路西起至孤山头西海边止，所有东西南北空地、墓地、田塘一切概划入校址。某处作大礼堂（除公路外）及操场、花园，某处作教室及寄宿舍，妥为绘图设计。本校教师如能办到固好，否则可向外间聘来。能于四月尾或五月首，交余带来与教育机关斟酌。至内头社向东海之许厝社，闻居民已空，亦可加入。许厝社北有一大段低田，近海边有一片坟墓，而该低田之西南，为数十尺高地。将来需用时，低田可作大运动场，如兼绘在校址图内亦佳。现日子无多，若须测景师详细测量，恐延迟不及，如约略草拟亦可，惟图案须彩色美观些。

（致陈村牧函 · 1949 年 2 月 16 日）

陈嘉庚在创办学校、兴建校舍的过程中，有许多精辟独到的见解，反映了他的建筑思想和理念。

【第念校舍未复，若先建住宅，难免违背先忧后乐之训耳】

余自创办厦大后，社会顾爱诸君，有奖余为毁家兴学者，其时余颇腹非其言。因余尚有许多资产，不图今日竟成事实。余住宅被日寇焚炸，仅存颓垣残壁而已。集美校舍被炮击轰炸，损失惨重。复员于今三年余，费款于集美学校共三十余万，修理与学费各半。至倒塌数座校舍尚乏力重建。若重建住宅，所需不过二万余元，虽可办到，第念校舍未复，若先建住宅，难免违背先忧后乐之训耳。

（1949 年 4 月 29 日，《南侨日报》）

【向政协提案：今后人民新建住宅，应注重卫生之设计】

1949 年 10 月，全国政协一届一次会议在北京召开，"征求各代表提案，余提出七宗，均获接受，交中央人民政府办理。"其中第四项提案是"今后人民新建住宅，应注重卫生之设计案"。提案指出："人民保健，首须注重卫生，而居处尤不可忽。我国民间住宅湫隘阴暗，空气光线两皆不足，影响人民健康，甚至短促寿命。本席久居南洋，深知外国都市因卫生设备之进步，人民死亡率随之减少，故极感我国民间住宅有改善卫生设计之必要。查新加坡在近二十年来已屡行旧屋拆卸改良新屋，依据图案建造之政策，每座楼屋长约七十五英尺，屋后有巷路十五英尺，前后窗户四处洞开，空气流通，光线充足，居住其中，极为舒适。市民在未改良市屋前，每年死亡率每千人中为二十四五人。改良后减至十四五人。卫生成效显然可见。今后我国人民新建住宅，应使注意卫生之设计。旧者在可能范围内，亦当使之改良，俾以促进健康，增加寿命，谨拟办法如后：由卫生部或内务部详拟建屋规例，以空气流通，光线充足为原则，颁布各省市通行。

（《新中国观感集》陈嘉庚著 新加坡怡和轩俱乐部 2004 年 10 月出版 第 157 页）

【校舍被战事损坏，可请省府修葺】

兹发去一电文云："两电均收，校舍被战事损坏，可请省府修葺，余元月到校。庚"。余按，不致被飞机燃炸，如被炮弹损伤，当不至如何重大。若损失港币在十万元之内，除政府赔补外，再欠若干，待余到校打算；如损失不只此数，而政府又不理，可先函知六使先生，亦待余到校打算。

（致陈村牧函 ·1949 年 10 月 24 日）

【集校必须政府接办，现倒校舍方能恢复，优待学生，乃能办到，新科学乃能扩大】

集校归政府接办事，兹再详之。今日人民政府成立，国民人人有责，如一家，如一村，如一族，痛痒相关，密切联系。就本省而言，吾人作官，既非我愿，亦非所长。如教育方面，我有些钱，我当尽瘁终身。先生有廉洁忠诚，服务教育道德，亦当一生固定立场，了解本省人办本省事。本省人才缺乏，如教育机关要人，多为厦集校友，虽广州南方大学校长，亦为校友罗明先生。先生尚年轻，有数十年可见新中国发展，真无限幸福……集校虽有上言入息可靠，然只系补助政府预规校费之外，如建设集美海口，建设工科铁工厂、职业校、自来水池、添置仪器图书、游泳池、抽水厕及其他，使之完备，只恨无钱，不怕无事作。上言等项，系指政府对集校收后，在此数年预算之外，故集校必须政府接办，现倒校舍方能恢复，优待学生，乃能办到，新科学乃能扩大。若政府不接收，则我上言建设各项，绝无办法，仅有不生不死之现状而已，于本省教育进展，无可推进之模范。先生以为何如？倘有同情，可再函催政府勿迟接办。并详告我。非卸后就放弃责任，第要如上言，于政府支持外，另助校中所需，俾完备也。集美海口工程，如建设完成，可增加许多声誉，政府社会势必更形注意，将来成为相当学村，影响南侨不少，师生万人，实意中事。我非好虚务外，第要放大眼光，及知新中国必能发展，集校亦必共同推进之原因也。

（致陈村牧函 ·1950 年 3 月 21 日）

【石蛋（鹅卵石）不仅大小不一，且光滑缺乏粘性，用于水坝，危险尤大】

小丰满水电厂，为我国水电力之最大者。"七七"事发，日寇在东北积极扩大各矿厂，各工厂，以增加生产，而电力不足，故日夜赶建小丰满水电厂。为求迅速完工及省费，竟将堤坝上半段缩小宽度，该坝高二百十尺，长三千余尺，地基阔九十尺，上面现有二十余尺，原定三十余尺，日寇为速成及省费，乃从中缩小二十尺，故上面减去十尺左右，所需碎石，不经碾石机碾碎，不照规定寸量标准，而尽量取用千万年前，流水漂光之石蛋，或圆或扁，或长或短，或大或小，仅将过大者弃去，以代碎石。解放后，我派员接管，认日寇缩小宽度为危险，万一不幸崩溃，将毁及全部，故不惜巨资，动工二千余人，积极增建。现下工程尚未及半，然仍取用石蛋，以代碎石，余甚讶之。盖在南洋从未见过建筑工程，可用大小光滑石蛋者，况关系甚大之水坝乎？查英国建筑工程所用之碎石，有规定寸量，如半方寸以上至二方寸多种，经碾石机碾碎，筛出相类碎石；而我所有石蛋，不仅大小不一，且光滑缺乏粘性，用于水坝，危险尤大，故向当局进言。余非工程师，所言对否，未敢断言。在南洋所见重要建筑工程，不但未有用此大小光滑石蛋，虽碾碎石，亦必有一定寸数。我国建设方始，重要工程甚多，而石蛋到处多有，故提及之，希工程师注意焉。

（《新中国观感集》 陈嘉庚著 新加坡怡和轩俱乐部 2004 年 10 月出版第 29 页）

【建筑勿用光滑石子】

本世纪以来，外国都市建筑新式屋宇，多用铁条作筋，敷以混合之碎石沙灰，其坚固耐久，比较杉木甚远。至碎石沙灰混合数量，如数有铁筋之栋梁楼板，据新加坡工程局规例，灰一份，沙二份，碎石四份。若填地基或筑墙壁，则灰一份，沙三份，碎石六份。以上称为最佳之建筑。若工料由人承包建造，除监督人严慎，否则用灰必被偷减多少。我到国内，见多处建筑，用石多取溪中石蛋，光光滑滑，或圆或椭圆形。大小长短不定。此种石蛋，比较用机器碾碎之石，实远不及。机器碾碎之石，过筛漏出，寸数大小有定，普通以寸半至二寸为度，碎石身不光滑，与灰沙容易结合。若溪流石蛋，大小不齐，加以光滑，定能妨碍粘结，故用灰一份，沙二份，石蛋三份，算来成本较高，坚固又不及碎石。我国建设方始，政府及社会应多设置碾石机。如办不到，亦当用人工打碎，略有一定寸数，比较用石蛋既可省灰，又可较坚固也。

（《新中国观感集》 陈嘉庚著 新加坡怡和轩俱乐部 2004 年 10 月出版第 61 页）

【寄宿生所占校舍面积比通学生多五倍】

国内学生和侨生寄宿，有什么不同呢？国内寄宿生人数甚少，不及学生总人数百分之十，并且只有城市才有些，农村则更少了。因为有了多数学生寄宿，就要增加宿舍、膳厅等设备，也就要增加经费。一个寄宿生所费的要比通学生多出五倍。比如集美学校有 2500 名寄宿生，如果改为通学生，就可容纳 12000 多人。今天侨生来校，是百分之百寄宿的。这样经费的负担就要增加数倍，何以说寄宿生一人要抵通学生五人的经费呢？我们来计算一下：每间教室面积要 900 平方尺，可容 50 名学生，平均每人占 18 平方尺。如果是寄宿生，就要增加宿舍。现在我们每间宿舍是 480 平方尺，住 12 人，平均每人就要 40 平方尺。单宿舍就比教室多二倍以上。再加上膳厅、厨房、浴室等每个寄宿生也要多占一倍。此外还要增加医院、图书馆、电灯厂等设备。同时还有教员的家眷住所。如果每班平均只有一个教员携带家眷的话，每个家眷住宅相当于一个教室面积。这样计算，一个寄宿生比通学生所占的面积，还要超过五倍。

（1954 年 2 月 23 日，《在集美华侨学生补习学校开校式上讲话》）

【学校不是生产的机关，不能增产只有节约。但也不是随便节省，马马虎虎，把建筑材料的质量减低】

"关于华侨补习学校建筑设备费用，我向中央提出预算是 60 亿元（按：第一套人民币，相当于第二套人民币的 60 万元），收容 2000 多名学生。这是本着节约的意旨拟订的。我认为学校不是生产的机关，不能增产只有节约。怎么 60 亿元的建筑设备费是节约呢？举个例子来说，我在北京时，去看北京华侨补习学校建筑的校舍，那校舍现可容纳 1400 人，中央拨款 200 亿元，已用去了 160 余亿元。宿舍每间 4 个双层床，住 8 人，膳厅 2 间，每间容 500 人，礼堂、科学馆、教职员住眷的房子都没有，电灯、自来水是市区供给的。和我们侨校比较，只不过多了一项暖气设备，用了 30 亿元。那末建筑费就占去 130 余亿元了。又如去年福州一间财经学校建筑校舍，预算容纳 1200 人，建筑费拨给 80 亿元。福州木材比较此地便宜，而我们要以 60 亿来完成容纳 2000 人的校舍和设备。这就说明了我们是以节约的精神来建设的。如果我们多预算一些，中央也一样会照拨的。我们不能这样做。但也不是随便节省，马马虎虎，把建筑材料的质量减低。如果把我们的校舍和别人家对比一下，凡是有建筑常识的人都会明白：我们的校舍对于坚固、安全、卫生各方面，都有兼顾到的。比如说，我们宿舍都有走廊，这是旁的学校所少有的；也是由于我一向主持建筑的经验。我认为多了走廊，可以给学生生活更加舒适。因为多了室外散步的场所，屋内人多，可

陈嘉庚在创办学校、兴建校舍的过程中，有许多精辟独到的见解，反映了他的建筑思想和理念。

以时常出来乘凉，换取新鲜空气。但因为多建走廊，建筑费就要增多四分之一。诸位回国，都有经过广州或其他地方，那边校舍建筑情形怎样？若是看过的，和这边比较，就可明了。我们侨校校舍虽然没有专设礼堂，但集美学校有公用的福南楼（即福南堂），与侨校最为接近，可以通用，不需专为侨校而设立，所以无须另建，这也是为着节约。因为要建一座可容三四千人的礼堂，是很不容易的，何况无此必要。现正进行东西两膳厅建筑，西膳厅即将完成，将来遇有集会，如无须借用福南楼，也可利用膳厅，一样地可以容纳三四千人。

（1954 年 2 月 23 日，《在集美华侨学生补习学校开校式上的讲话》）

【关于生均体育场所】

关于体育设备方面，像新加坡英政府规定，每个小学生平均要有 36 方尺面积的体育场所，中学生就要 40 余方尺。集美学校运动场所，小学不计，有 40 万方尺。现在中等学生人数 2500 人，平均每人有 100 余方尺，如将来学生数增多到 4000 人，每人也有 100 方尺。过去航专（指福建航专）在这里，曾提起没有运动场的话；侨校现在也同样地提这意见。其实现有南侨楼第一排与第二排校舍之间，以及附近旷地所辟的运动场，虽然比不上集美学校运动场占地之多，但平均算来，每个学生也有 50 方尺上下。当然因为建筑工程尚未结束，还占用了多少空地。但终究一定会多出来。我打算在前面临海和膳厅西边田地，再开辟为运动场，惟现在还用不着。还有乡民在那里种地，要慢一点搞，等到人数达到了相当程度时，再来扩充。这样计算，将来每个学生所占面积，可能增加到 70 余方尺了。

（1954 年 2 月 23 日，《在集美华侨学生补习学校开校式上讲话》）

【谈集美学村学习环境】

近所增建校舍，如可容 5000 人集会的大礼堂，可容 500 人阅览的

图书馆，可容 3000 人观众的体育馆，以及其他校舍，或已完工，或在建筑。而原来的科学馆、医院、电灯厂等设备，也各有所扩充。此外又开辟男女两游泳池，面积 3 万方公尺；体育场 10 处，面积 15 万万公尺；植物园十余亩；淡水池两口 100 亩；海水池一口 200 亩，诸池毗连，绕以堤道，路面宽者 9 公尺至 30 公尺，狭者 7 公尺，全长 10 公里。又在海边鳌头小岛上建集美解放纪念碑，四围装配石刻，如工矿农牧军队画像，动植生物形态，以及乡土版图沿革等有关社会教育的浮雕。建筑材料：如砖瓦石灰，均系设窑自制，木石也是就近取材，人工系招集督造，不采承包制度，故建筑费比寻常节省。凡此布置都是为远道来集学习的青年，创造优美的进修环境。

（1954 年 3 月，《对集美侨生讲话笔录前言》）

【关于华侨博物院的名称及建设问题】

至于名称，我拟为华侨博物院。因为它是华侨设立的，故应以华侨为名，不冠以厦门地名，以区别于地方设立的性质。因为一是华侨热爱祖国文物不限于一地；二是配合教学研究的机构，原是全国性的；三是它负有介绍南洋的责任，必须陈列很多南洋文物，以供国内人民了解南洋情况，故其内容不但是全国性，而且是世界性的；四是华侨是全国各地都有，不限于厦门一隅；这些都是命名采取全国性的理由。至于不称馆而称院，则是因为它的组织较大，是合几个博物馆而构成的。故以博物为总称，以区别于内部的分馆……建设华侨博物院的步骤，首先由厦门市人民委员会拨厦港蜂巢山附近一大片空地面积九十七市亩；其次先建第一座楼屋面积三千平方公尺；材料白石红砖，内部钢骨水泥，按一九五七年春季前后可能完成。现在此事已得各方有关部门的同意，并已筹得部分华侨捐献。第一座馆舍已于本年九月初设立建筑部兴工建筑。

（1956 年 9 月 20 日，《倡办华侨博物院缘起》）

【故乡（集美学村）之建设】

（一）集美至高崎海堤，闻年底可通车，我前函告向政府建议铁路线，须由角尾至杏林社，渡海筑堤至本处龙王宫码头，不但路程可缩短十多公里，造费尤省，且可获海滩作良田好港 3 万亩，对本社人民之生活大有实益也。（二）文确叔住宅，其海边石堤基址太浅，故多崩坏，现经从苍宅尾海边，站上听渡头全线，筑坚固海堤。堤岸内造公路阔 30 尺，从幼儿园前经东海边至延平楼小学，再由小学前筑长堤内外两道路，各阔三四十尺，可达龙王宫码头。（三）本社民屋被日寇炮击，又被蒋帮惨炸，破损倒塌计 200 余家，俱赤贫如洗，小部分尚依他乡亲戚，大部分租借，全家一小房，或草率遮盖度夜，已历多年，凄苦情况可想可知。特于去年新订办法如下：甲，屋身破损尚可修理，生活略得维持者，我给一切材料，大小工由他自理，计有六七十家。乙，屋身破坏可以修理，而赤贫者，则工料一切代办，亦数十家，现尚有多家未办到。丙，全屋塌成平地，约 100 家左右。兹拟全部改建新式住宅，如新加坡住宅一样，大半已开工，按秋后可以完竣，然均为平屋未有层楼者。（四）本社内外共有道路 3 英里长，狭者 10 余英尺，宽者三四十英尺至近百英尺，中间多数铺砖石，阔 8 英尺至 12 英尺。前妈祖宫旧址小岛，已扩大范围，建纪念碑，用青石浮雕近千种，俱有社会教育意义，并可为本社风景区。上厅（听）海边除 3000 余英尺作道路，尚有十余亩空地，经已填为实地。若连渡头海边空地七八亩，合计 20 余亩，可作本社大球场及公众游玩场地。（五）数年来我对以上之经营，均为故乡设想。西哲有言："凡有实心公益者，必先内近而及远。"

（1957 年，《故乡（集美学村）之建设》）

【校舍供给标准】

供给校舍问题，我按自己能力，可就集美扩建和集美侨校各拨让 500 人校舍，共可容侨属子女 1000 名。但未知集美侨校可能有多少归国侨生。故对中央侨务会只报 500 名。及招生时，见实际归国侨生人数不多，乃将侨属子女补习生名额拟招足 1000 名。集美中等各校自开办以来历 40 年，校舍供应的标准，系以学生人数为主，分甲乙丙丁四段分配。甲为课室办公室，乙为学生宿舍，丙为教职工住所，丁为膳厅、科学馆、图书馆及其他等等。每生每段占面积 3 平方公尺，则四段共占 12 平方公尺。每平方公尺建筑费约 40 元至 60 元，以最低计建筑费须 480 元，校具设备费每生须 40 余元，合计每一学生校舍设备费，学校为他付出的负担，须在 500 元以上。上月 19 日《厦门日报》转载《人民日报》论"职工宿舍"每人入住城市，设备费平均 558 元至 695 元。我意每个职工所占的地位应该并不比学生加多。而平均数竟大过我们的标准，这是我们建筑费比较经济的明证。

（1958 年 1 月 14 日，《对侨属子女补习学校同学讲话》）

【实事求是的"跃进措施"】

在社会主义建设总路线的光辉照耀下，全国文化教育事业都突飞猛进，集美学校也应鼓足干劲，力争上游实现大跃进，我采取如下实事求是的跃进措施。（一）社会主义教育，应德、智、体并重。师生健康要充分注意。集校篮球场原有 34 个，多数为土场，现拟扩充至 50 个，一律以水泥铺底，又在福南大会堂前建一新式标准体育运动场，座位可容观众 2 万人；足球场原有 4 个，海水游泳池原有 3 个，拟再增淡水游泳池 2 个及羽毛球场等。（二）补充足够图书仪器及一切教学实习设备。以上两项费用拟 40 万元左右。（三）聘请质量优良的教师，积极提高教学质量。

（1958 年 8 月 2 日，《为集美学校跃进措施启事》）

主要参考文献

1.林斯丰主编：《集美学校百年校史》，厦门大学出版社2013年9月出版。

2.庄景辉、贺春旎：《集美学校嘉庚建筑》，文物出版社2013年10月出版。

3.王增炳、陈毅明、林鹤龄编：《陈嘉庚教育文集》，福建教育出版社1989年7月出版。

4.林斯丰主编：《陈嘉庚精神读本》，厦门大学出版社2007年7月出版。

5.庄景辉：《厦门大学嘉庚建筑》，厦门大学出版社2011年3月出版。

6.陈嘉庚：《南侨回忆录》，中国华侨出版社2014年9月出版。

7.陈嘉庚：《新中国观感》，新加坡怡和轩俱乐部、新加坡陈嘉庚基金、中国厦门集美陈嘉庚研究会2004年10月联合出版。

8.朱晨光主编：《陈嘉庚建筑图谱》，天马出版有限公司2004年10月出版。

后记

在百年校庆之际，能有一本反映学校深厚历史文化，呈现嘉庚建筑独特魅力的图书奉献给大家，是一件很值得期待的事。编写组成员有这个想法也有些年头了，借迎接百年校庆的契机，"谋定而后动"。

一年多来，编写组按照分工紧张地进行资料搜集、文稿采写、照片拍摄、版面设计等工作，在多次讨论、审议、修改的基础上，形成了素材稿、初稿和修改稿。编写组虽有多年资料积累，但用起来仍时感"捉襟见肘"，不少内容需要进一步挖掘、创作和采访。编写过程费时劳力伤神自不在话下，唯时不我待，只能知其难为而勉力为之。值得欣慰的是编写工作总体进展还算顺利，能够赶在百年校庆进入倒计时之际付梓。

这本书，只是一个小小的"载运工具"，装不下博大精深的嘉庚精神和百年学校的文化积淀，编写组只提供了一个视角，或许勉强可以称为"窥豹之管"，更多的内容、更丰富的内涵、更大的想象空间留给了阅读者，期待阅读者分享高见。

本书由林斯丰、黄海宏共同主持编撰，第一部分、第二部分和附录由林斯丰编写，第三部分由沈哲琼编写，第四部分、第五部分由黄海宏编写，罗旻敏、蔡文舟等参与采写，全书由林斯丰统稿。

书中用到了大量珍贵的老照片，其中部分老照片由陈嘉庚纪念馆和集美学校委员会提供，部分转自"陈嘉庚研究数据库"和《集美学校廿周年纪念刊》《陈嘉庚建筑图谱》《集美学校嘉庚建筑》《厦门大学嘉庚建筑》《集美学校百年校史》等图书。部分老照片年代久远，无法得知作者信息，如有异议，请联系本书编写组。新照片大部分由黄丹平拍摄，版面设计主要由黄丹平完成，标题英文由黄敏翻译。

本书的出版得到诸多单位的赞襄。上根影视王焕根等承担航拍任务，厦门历史影像研究会紫日等收藏家提供部分与集美大学有关的珍贵老照片。翰林苑文化产业集团则提供了资金支持并邀请上两家单位参与图书编撰。值得一提的是，翰林苑文化产业集团承担集美大学即温楼、允恭楼、崇俭楼、克让楼、科学馆等全国重点文物保护单位的修缮施工任务和诚毅楼、海通楼、福东楼、航海俱乐部、科学馆南楼等嘉庚风貌建筑的保护方案设计，为集美大学嘉庚建筑的保护做出了卓越的贡献。他们的出色工作也是我们编撰这本书的基础，其总经理晏雪飞还亲自参与了本书的编写。翰林苑文化产业集团以"文博、文创、文旅、文教"为四大主营业务模块，以"让文化遗产活起来"为企业使命，参与过世界文化遗产福建南靖田螺坑土楼群和鼓浪屿历史国际社区汇丰银行公馆旧址、黄氏小宗、延平戏院、三落姑娘楼、金瓜楼、德国领事馆遗址等历史文物建筑的修缮工作，为国内文化遗产的保护贡献良多。

中国美术家协会分党组书记、驻会副主席、秘书长徐里为本书题写了书名。

谨此一并致谢！

编写组
2018 年 9 月

版权所有 书中的图片未经作者本人许可，
不得引用和复制，违者必究。

图书在版编目(CIP)数据

百年集大　嘉庚建筑/《百年集大　嘉庚建筑》编写组编. —厦门:厦门大学出版社,2018.10
ISBN 978-7-5615-7142-2

Ⅰ.①百…　Ⅱ.①百…　Ⅲ.①高等学校—教育建筑—介绍—厦门　Ⅳ.①TU244.3

中国版本图书馆 CIP 数据核字(2018)第 228979 号

出 版 人	郑文礼
责任编辑	王鹭鹏
封面题签	徐　里
封面设计	黄丹平

出版发行 厦门大学出版社

社　　址 厦门市软件园二期望海路 39 号
邮政编码 361008
总 编 办 0592-2182177　0592-2181406(传真)
营销中心 0592-2184458　0592-2181365
网　　址 http://www.xmupress.com
邮　　箱 xmup@xmupress.com
印　　刷 厦门集大印刷厂

开本 889 mm×1 194 mm　1/12
印张 19.5
字数 422 千字
印数 1~6 000 册
版次 2018 年 10 月第 1 版
印次 2018 年 10 月第 1 次印刷
定价 218.00 元

本书如有印装质量问题请直接寄承印厂调换

厦门大学出版社
微信二维码

厦门大学出版社
微博二维码

特别鸣谢: 翰林苑（厦门）文博科技有限公司 对本书的赞助支持　　http://www.hlykj.com.cn
本书如有印装质量问题请直接寄承印厂调换

所有权利保留。
未经许可不得以任何方式使用。